本书编委会

主　编：金　强　周卫华　于永玉

编　委：陈余齐　高阶顺　高志强　李国芳
　　　　魏　巍　张少鹏　郭　鑫　张萌萌
　　　　卢林冬　刘　佳　权　娜　石欢欢
　　　　时利英　曾　令　杨春枝

前　　言

　　中国是世界四大文明古国之一。中华民族拥有世界上唯一没有中断的文明。中华民族的史前历史和世界其他民族一样也经历过漫长的洪荒时代（母系氏族阶段），而从黄帝时代开始，至今最少也有五千年之久了。

　　中国人有文字记载的历史可追溯到3000年之前，甲骨文的发现可为确证。而从公元前841年西周共和时期开始，中国的信史记录就一天也没有中断，也为世界各民族所欣羡。浩如烟海的历史典籍不但是前人留给中华子孙的宝贵遗产，也是中华民族为世界文化作出的巨大贡献。

　　现在的中华民族是由56个兄弟民族组成的。这56个民族是在中华5000年历史过程中经过不断的融合逐步形成的。现在的汉族实际上是由古代华夏族和许多少数民族融合而成的。历史上和现存的许多少数民族也都认为华夏族是自己的祖先，如匈奴出于夏、羌出于姜氏、鲜卑出于黄帝、氐出于夏时的有扈氏，这都是史有所据的。

　　5000年的历史是中华各民族共同进步的历史。

　　中国地域辽阔，幅员广大，有陆地面积960万平方千米，海域面积300多万平方千米。中华民族世世代代在这片土地上繁衍生息，不但创造了辉煌的历史，也影响了整个世界。

　　中国的文化和经济在历史上曾长期领先于世界，但从近代开始却经历了备受欺凌、丧权辱国的百年之痛。

　　前事不忘，后事之师。以史为鉴，可以明得失。中国人不会忘记历史。尤其是在改革开放以后的今天，学习历史，继承中华民族的光荣传授，铭记中华民族的深刻历史教训，是每一个中华儿女奋发向上的基础。

由于水平所限，本书限于篇幅，难免挂一漏万，还望广大读者批评指正。

编者

2012 年 5 月

目　　录

制　　造

　　人类从旧石器时代开始制造工具，至今最少也有 300 万年了。从最早的砍砸工具到弓箭的制造经历了漫长的岁月。中国现已发现的元谋人刮削石器，是 170 万年前的遗物，而在山西朔县峙峪旧石器晚期遗址中发现的石镞，则是 2.8 万年前的先民遗物。

　　中国在历史上有过制造业的辉煌，造纸术、印刷术等为人类作出过重大贡献。造车技术、兵器制造技术等曾长期领先于世界。

　　虽然近代以后，中国在制造技术方面明显落伍了，但改革开放后的中国人有信心、有能力在技术创新的征程中，继往开来，取得更辉煌的成就。

中国四大发明之造纸术

　　造纸术、指南针、火药和印刷术并称为中国古代科学技术四大发明，谱写了人类文明史上的光辉篇章。

　　最初的纸是作为新型的书写记事材料而出现的。在纸没有发明以前，中国记录事物多靠龟甲、兽骨、金石、竹简、木牍、缣帛等。商代的甲骨文、钟鼎文实物资料，不断出土；战国到秦汉的竹简、木牍和帛书、帛画，近年来也有大量实物出土。相对于甲骨不易多得、金石笨重的特点，简牍与缣帛更适合作为书写材料，但它们也有不足之处，简牍仍然很笨重。据说，秦始皇每天批阅的简牍文书，重达60公斤。西汉时，文学家东方朔给汉武帝写了一篇奏章，竟用了3000多根竹简，由两个武士抬进宫中，汉武帝看了两个多月才看完。缣帛虽然轻便，但价格昂贵，一般人是用不起的。

　　随着社会经济文化的发展，迫切需要寻找廉价易得的新型书写材料。经过长期探索和实践，终于发明了纸。千百年来，人们都认为，纸是东汉的宦官蔡伦在105年发明的。其实，早在西汉时期，中国就有了用植物纤维制造的纸。只是当时的纸还很粗糙，质量较差，不便于书写，因而当蔡伦改进了造纸技术，制造了优良的纸张时，人们便把纸的发明权授予了他。

　　蔡伦改进了原有的造纸技术，创造性地扩大了造纸的原料来源，为大规模地生产和使用纸开辟了道路。

蔡伦，东汉时期桂阳（今湖南耒阳）人。他从小就进宫当了太监，到汉和帝时被提升为中常侍，侍奉在皇帝身边，传达诏令，负责管理文书。后来，他又兼任尚方令，掌管皇宫里的手工作坊，专门为皇帝监造各种器具用品。当时蔡伦在接触诏令、文书的过程中发现，缣帛是书写的好材料，但造价太贵，只适合皇室富户使用，一般人难以问津。而前人造的纸又疙疙瘩瘩，让人无法下笔。于是，他广泛地研究了民间的造纸经验，用树皮、麻头、破布和旧渔网作原料，监制出一批优良的纸张。105 年，蔡伦把他监造的第一批纸献给了汉和帝。汉和帝一见，赞不绝口，从此，造纸术得到推广。116 年，蔡伦被封为"龙亭侯"，他造出的纸，就被人们称为"蔡侯纸"。3—4 世纪，纸已经基本取代了帛、简而成为中国唯一的书写材料，有力地促进了中国科学文化的传播和发展。

魏晋南北朝时期，中国造纸术有了新的发展。在原料方面，除原有的麻、楮外，又扩展到用桑皮、藤皮造纸。在设备方面，继承了西汉的抄纸技术，出现了更多的活动帘床纸模，将一个活动的竹帘放在框架上，可以反复捞出成千上万张湿纸，提高了工效。在加工制造技术上，加强了碱液蒸煮和舂捣，提高了纸的质量，出现了色纸、涂布纸、填料纸等加工纸。并且，同时期的贾思勰还在《齐民要求》中，写有两篇专门记载造纸原料楮皮的处理和染黄纸技术的文章。

隋唐五代时期，中国造纸术不断革新，除麻纸、楮皮纸、桑皮纸、藤纸外，还出现了檀皮纸、瑞香皮纸、稻麦秆纸和新式的竹纸。在南方产竹地区，竹材资源丰富，因此竹纸得到迅速发展。这一时期的产纸地区遍及南北各地。由于雕版印刷术的发明，兴起了印书业，这就促进了造纸业的发展，纸的产量、质量都有提高，价格也不断下降，各种纸制品普及于民间日常生活中。名贵的纸有唐代的"硬黄"、五代的"澄心堂纸"等，还有水纹纸和各种艺术加工纸。唐代的绘画艺术作品已经有不少纸本的，正反映出造纸技术的提高。

宋元和明清时期，楮纸、桑皮纸等皮纸和竹纸非常盛行，消耗量也特别大。造纸用的竹帘多用细密竹条，这就要求纸的打浆度必须相当高，而造出的纸也必然很细密匀称。唐代用淀粉糊剂作施胶剂，兼有填料和降低纤维下沉槽底的作用。到宋代以后多用植物黏液作"纸药"，使纸浆均匀，常用的"纸药"是杨桃藤、黄蜀葵等的浸出液。这种技术早在唐代就已经采用，但是在宋代以后才盛行起来。

这时期的各种加工纸品种繁多，纸的用途日广，除书画、印刷和日用外，中国还最先在世界上发行纸币。这种纸币在宋代称作"交子"，元明后继续发行，后来世界各国也相继跟着发行了纸币。明清时期用于室内装饰的壁纸、纸花、剪纸等也很美观，并且行销于国内外。各种彩色的蜡笺、冷金、泥金、螺纹、泥金银加绘、砑花纸等，多为封建统治阶级所享用，造价很高，质量也在一般用纸之上。

这一时期里，有关造纸的著作也不断出现，明代宋应星的《天工开物》，记载了不少关于中国古代造纸的技术。而《天工开物》第十三卷《杀青》中关于竹纸和皮纸的记载，可以说是具有总结性的叙述。书中还附有造纸操作图，是当时世界上关于造纸的最详尽的记载。

6世纪造纸术外传至中国的近邻朝鲜和越南，并于7世纪经朝鲜传入日本，8世纪中叶经中亚传到阿拉伯。阿拉伯最初造的麻纸，用破布作原料，采用的是中国的技术和设备。阿拉伯纸大批生产以后，就不断向欧洲各国输出，于是造纸术也随后由阿拉伯传入欧洲。12世纪西班牙和法国最先设立了纸厂，13世纪意大利和德国也相继设厂造纸。到16世纪，纸张已经流行于全欧洲，终于彻底取代了传统的羊皮和埃及纸莎草纸等，此后纸便逐步流传到全世界。

中国四大发明之印刷术

印刷术作为中国的四大发明之一，无时不闪烁着中国劳动人民智慧的光辉。

在印刷术发明前，文化的传播主要靠手抄的书籍。但是，一个个字的抄写实在是麻烦得很。一部书如果要制成 100 部，就要抄上 100 遍。如果遇到卷帙浩繁的著作，就得要抄写几年，甚至更长时间。抄写时还会有抄错抄漏的可能，这样对文化的传播会造成不应有的损失。另一方面，随着社会经济、文化的发展，读书的人越来越多，抄书慢，数量也不多，无法满足人们对文化的需求。这就为印刷术的发明提出了客观的要求。

印章和石刻的长期使用给印刷术提供了直接的经验性启示。印章是用反刻的文字取得正写文字的方法，不过印章一般字都很少。石刻是印章的扩展。秦国的 10 个石鼓是现在能见到的最早的石刻。后来，甚至有人把整本书刻在石头上，作为古代读书人的"读本"。

晋代，发明了用纸在石碑上墨拓的方法。将事先浸湿了的坚韧薄纸铺在石碑上面，轻轻拍打，使纸透入石碑镂隙处。待纸干后，刷墨于纸上，然后把纸揭下，就成为黑底白字的拓本。这是一种从阴文正写取得正写文字的复制方法。正是在这些条件下，雕版印刷发明了。

根据《隋书》和《北史》等文献的记载来看，雕版印刷发明于隋代的可能性比较大，距今已有 1300 多年的历史。雕版印刷所用的版料，一般选适于雕刻的枣木、梨木。方法是先把字写在薄而透明的纸上，字面朝下贴到板上，用刀把字刻出来；然后在刻成的版上加墨，把纸张覆在版上，用刷子轻匀地揩拭，把纸张揭下来，文字就转印到纸上成为正字。雕版印刷很早就和人民大众的生产、生活发生密切联系。最初刻印的书籍大多是农书、历本、医书、字帖等。

雕版印刷发明不久，佛教便利用它刻印了大量的佛教经典、佛像和宗教画。1900 年，在甘肃敦煌千佛洞里发现一本印刷精美的《金刚经》，末尾题有"咸通九年（881 年）四月十五日"等字样，这是国内发现的最早、最完整的木刻印刷物。

宋代以后，还出现了铜版印刷。铜版一般用来印刷钞票，这是因为铜版可以印制线条细、图案复杂的画面，印成之后，难于仿造。

雕版印刷在后来的发展中最为突出的成就，就是创造出了彩色套印。套色印刷是一种复杂的、高度精密的技术。例如，要印红黑两色，那就先取一块版，把需要印黑色的字精确地刻在适当的地方；另外取一块尺寸大小完全相同的版，把需要印红色的字也精确地刻在适当的地方。每一块版都不是全文。印刷的时候，先将一张纸印上一种色；再把这张纸覆在另一块版上，使版框完全精密地互相吻合，再印上另一种色，一张两色的套色印刷物就完成了。假如印刷的时候粗心大意，两块版不相吻合，或者刻版的时候两块版上字的位置算得不准确，那么，印成之后，两色的字就会参差不齐，无法阅读。如果要套多种颜色，就可以照这样的办法去做，不过套色越多，印刷起来越费事，所以需要极其熟练的技术。用各种颜色套印出来的书，如果印在洁白的纸上，真是鲜艳夺目，美不胜收！这种套印的方法，最迟在元代就已经发明了。元代的时候，中兴路（今湖北江陵）所印刷的《金刚经注》，就是用朱墨两色套印的，这是现存最早的套色印本。但是到 16 世纪末，这种方法才得以广泛流行。

雕版印刷比手工抄写确实方便很多，一次就可以印出几百部、几千部。但是，雕版依然很费工，印一页就得刻一块版，雕印一部大书，往往需要几年工夫。雕好后的板片，还得用屋子存放。同时要想出版别的著作，又得从头雕起，人力、物力和时间都很不经济。

宋代毕升通过长期的亲身实践，在世界上首先创造了胶泥制活字印刷。这种方法节省了雕版费用，缩短了出书时间，既经济，又方便，是印刷史上的一次革命，影响深远。20 世纪盛行的铅字排印的基本原理，和最初毕升发明活字的排印方法是完全相同的。

到了元代，农学家王祯创制木活字成功，他还发明了转轮排字架，用简单的机械，增加排字的效率。元成宗大德二年（1298 年），他曾经用这种方法试印一部 6 万多字的《旌德县志》，不到一个月的时间，就印成了 100 部，印刷快、质量好。他的排字、印刷方法在印刷史上也是一次重大革新。

王祯创制木活字成功以后，木活字印书一直在中国流行，明清两代更加盛行。清乾隆三十八年（1773 年），清政府曾经用枣木刻成 25.35 万个大小活字，先后印成《武英殿聚珍版丛书》138 种，计 2300 多卷。这是中国历史上用木活字印书规模最大的一次。

明孝宗弘治年间，铜活字正式流行于江苏无锡、苏州、南京一带。中国用铜活字印书，工程最大的要算印刷清代的百科全书《古今图书集成》了。

中国是印刷术的发源地，世界上许多国家的印刷术，都是在中国印刷术直接或间接影响下发展起来的。唐代的雕刻印本书传到日本，8 世纪后期，日本的木板《陀罗尼经》完成。大约在 12 世纪或者略早，雕版印刷术传到埃及。13 世纪，欧洲人来中国多取道于波斯（今伊朗）。波斯当时已经熟悉了中国的印刷术，并且曾经用来印刷纸币。波斯实际成了当时中国印刷术西传的中转站。14 世纪末，欧洲才出现用木板雕刻的纸牌、圣像和学生用的拉丁文课本。中国最初的木活字印刷术，大约在 14 世纪传到朝鲜、日本。具有聪明才智的朝鲜人民在吸取中国传去的木活字经验的基础上，最早创制了铜活字，对世界印刷术的发展作出了贡献。15 世纪后，朝鲜铜活字印刷又对中国印刷术产生影响。元代的木活字印刷术，在中国少数民族中也有流传。维吾尔族人民，按照维吾尔文字拼音特点，制成单字，不是字母的活字。这很可能是世界拼音文字中出现最早的活字。以后，中国的活字印刷术经由新疆传到波斯、埃及，最后传入欧洲。1450年前后，德国的古登堡受中国活字印刷的影响，用铅、锡、锑的合金初步制成了欧洲拼音文字的活字，用来印刷书籍。印刷术传到欧洲后，改变了原来只有僧侣才能读书和受高等教育的状况，为欧洲科学从中世纪漫长黑夜之后突飞猛进的发展，以及文艺复兴运动的出现，提供了一个重要的物质条件。

对于印刷术的成就，马克思在 1863 年 1 月 28 日给恩格斯的信里认为印刷术、火药和指南针的发明"是资产阶级发展的必要前提"。

功勋卓著的火药武器

在火药发明之前，古代军事家常采用火攻这一战术克敌制胜，从各种史料中的大小战役便可见一斑。在当时的火攻中，有一种武器叫火箭，它是在箭头上附着像油脂、松香、硫黄之类的易燃物质，点燃后射出去，延烧敌方军械、人员和营房。但是这种火箭燃烧慢，火力小，容易扑灭。如果用火药代替一般的易燃物，燃烧比较快，火力也大。所以在唐末宋初人们已经采用火药箭了。这是火药应用于武器的最初形式。随后又在石炮的基础上，创造了火炮。火炮就是把火药制成容易发射的形状，点燃引线后，由原来抛射石头的抛石机射出。

火药运用在武器上，是武器史上的一大进步。在战争中，火药武器显示了前所未有的本领，这使它很快引起人们的重视，多种火药武器相继出现。

宋真宗咸平三年（1000年），有个叫唐福的神卫水军队长，把他所制的火箭、火球、火蒺藜献给宋朝廷。咸平五年（1002年），冀州团练使石普也制得火球、火箭，宋真宗把他找来，并且让他当众作了表演。前面说的火炮就是大的火药包。蒺藜火球也是火药包，里面除装火药外，还装有带刺的铁蒺藜，火药包一炸，铁蒺藜就飞散出来，阻塞道路，防止骑兵前进。毒药烟球有点像毒气弹，里面装的是砒霜、巴豆之类的毒物，在燃烧后成烟四散，能使敌方中毒而削弱其战斗力。而宋代民族矛盾、阶级矛盾尖锐，接连不断的战争，又促使火药和火药武器有更快的发展。据记载，当时的军器监规模宏大，分工比较细，雇用工人曾经达到 4 万多人。监下分有火药作、青窑作、猛火油作、火作（生产火箭、火炮、火蒺藜等）等 11 个大作坊，火药武器出现了"同日出弩火药箭七千支，弓火药箭一万支，蒺藜炮三千支，皮火炮二万支"的庞大生产规模。

这一阶段的火药武器主要利用了火药的燃烧性能。硝的提炼，硫黄的加工，火药质量的提高，促进了火药武器的发展，逐步开始利用火药的爆炸性能。蒺藜火球虽然能爆炸，但是爆炸威力还是很小的。到了北宋末年，人们创造了"霹雳炮"、"震天雷"等爆炸威力比较强的武器。霹雳炮一炸，声如霹雳，杀伤力比较大。宋钦宗靖康元年（1126 年），李纲就是用霹雳炮击退金兵对开封的围攻的。震天雷是一种铁火炮，它比较先进，是因为它的外壳已经不再是纸或布壳、皮壳，而是铁壳。铁壳的强度比纸、布、皮大得多。点燃火药以后，蓄积在炮里的气体压力就大，爆炸威力就强。《金史》中描述说："火药发作，声如雷震，热力达半亩之上。人与牛皮皆碎进无迹，甲铁皆透。"火药性能利用的转化标志着火药的成熟阶段已经到来。宋高宗绍兴二年（1132 年）出现的"火枪"，宋理宗开庆元年（1259 年）制造的"突火枪"，都是劳动人民在斗争中发明的。这些都是管形火器。火枪由长竹竿做成，先把火药装在竿里，作战的时候把点燃的火药喷射出去。突火枪用粗竹筒制作，筒里除装火药外，还装有"子窠"，火药点燃以后，产生很大的气压，把子窠射出去。子窠就是原始的子弹。近代的枪炮就是由这种管形火器一步步发展起来的，所以管形火器的创造是武器史上的一次飞跃。多装火药可以增强炮火的威力，但是宋代发明的突火枪的竹筒承受不了太大的气压。在当时冶铸水平已经很高的条件下，元代出现了用铜或铁铸成的筒式大炮。这类炮统称"火铳"，又因为它威力最大，尊称"铜将军"。现在保存在历史博物馆里的最早的"铜将军"是至顺三年（1332 年）制造的，它是世界上已经发现的最古老的铜炮。

在宋元之际，曾经出现一种利用火药燃烧喷射气体产生的反作用力而把箭头射向敌方的火药箭，这和现代火箭的发射原理是一致的。由于多种原因，当时没有能够大力发展。到了明代，这类火药箭多了起来。明代的著名军事著作《武备志》中，就有不少这样的火箭图。如飞刀箭、飞枪箭、燕尾箭等，这些都已经不是普通的箭头。又如同时发射 10 支箭的"火弩流星箭"，发射 32 支箭的"一窝蜂"，发射 49 支箭的"四十九矢飞廉箭"，发射 100 支箭的"百矢弧箭"、"百虎齐奔箭"等。它们大都是把箭装在筒里，把药线连在一根总线上，点燃总线以后，传到各箭，就一起射出去。在《武备志》里还记载了原理就像现在我们过节放的鞭炮"二踢脚"那样，有一定爆炸性或燃烧破坏力的原始飞弹，如"飞空击贼震天雷炮"、"神火飞鸦"等。

在明代，人们还创造了早期的自动爆炸的地雷（《渊鉴类函》引《兵略纂闻》、《明实录》）、水雷（《天工开物》称"混江龙"）和定时炸弹（《渊鉴类函》引《兵略纂闻》）。其中要数一种名叫"火龙出水"的火箭最值得人们注意，它是一种原始的两级火箭。它是利用 4 个大火箭筒燃烧喷射产生的反作用力把龙形筒射出的，这 4 支火箭里的火药烧完以后，又引燃龙腹里的神机火箭，把它们射向敌方。

这些火药武器大多是通过战争西传的。元代初期，在西征中亚、波斯的战争中，阿拉伯人才知悉包括火箭、毒火罐、火炮、震天雷在内的火药武器，进而掌握了火药的制造和使用。欧洲人又是在和阿拉伯人的战争中，接触和学会了制造火药和火药武器的。英法各国直到 14 世纪中期，才有应用火药和火器的记载。火药、火器传到欧洲，不仅改变了作战方法，重要的是帮助资产阶级把封建骑士阶层炸得粉碎，为资本主义的到来作出了贡献，可谓功勋卓著。所以恩格斯明确地评价说："火药和火器的采用绝不是一种暴力行为，而是一种工业的，也就是经济的进步。"

中国古代造船技术成就

中国是世界上造船历史最悠久的国家之一。

就船型而言估计有上千种，仅海洋渔船，船型就有二三百种之多。中国古代航海木帆船中的沙船、鸟船、福船、广船，是最有名的船舶类型，尤以沙船和福船驰名于中外。

沙船在唐代出现于江苏崇明。它的前身，可以上溯到春秋时期。沙船在宋代称"防沙平底船"，在元代称"平底船"，明代才通称"沙船"。沙船的载重量，一般记载说是 4000～6000 石（500～800吨），一说是 2000～3000 石（250～400 吨），元代海运大船八九千石（1200 吨以上）。清代道光年间上海有沙船 5000 艘，估计当时全国沙船总数在 1 万艘以上。沙船运用范围非常广泛，沿江沿海都有沙船踪迹。元明海运鼎盛时期年运量在 350 万石（约合 44 万吨）以上。远洋航线沙船也很活跃。早在 10 世纪初，就有中国沙船到爪哇的记载。在印度和印度尼西亚都有沙船类型的壁画。明代初年，郑和七次下"西洋"，20 多年间访问了 30 多国，在世界航海史上写下了光辉的一页。其每次出动船舰 100 多艘或 200 多艘，其中宝船 40 多艘或 60 多艘，共载 2.7 万多人。当时在南京和太仓造船，在太仓刘家港整队出海。郑和宝船长约 150 米，舵杆长 11.07 米，张 12 帆，这是最大的沙船。

沙船方头方尾，俗称"方艄"。其甲板面宽敞，船体深小，干舷低；采用大梁拱，使甲板能迅速排浪；有"出艄"便于安装升降舵，有"虚艄"便于操纵艄篷；多桅多帆，航速比较快；舵面积大又能升降，出海时部分舵叶降到船底以下，能加强舵的作用，减少横漂，遇浅水可以把舵升上来。沙船采用多水密隔舱以提高船的抗沉性。其在七级风中能航行无碍，又能抗击风浪，所以沙船航程远达非洲。

福船是一种尖底海船，以行驶于南洋和远海著称。明代中国水师以福船为主要战船。古代福船高大如楼，底尖上阔，首尾高昂，两侧有护板。全船分四层，下层装土石压舱，二层住兵士，三层是主要操作场所，上层是作战场所，居高临下，弓箭、火炮向下发射，往往能克敌制胜。福船首部高昂，又有坚固的冲击装置，乘风下压能犁沉敌船，多用船力取胜。福船吃水4米，是深海优良战舰。

唐代，中国海船就以体积大、载量多、结构坚固、抗风性强闻名于世。此后，阿拉伯商人常乘中国帆船往来于东南亚一带。晚唐以后，中国建造的大海船更为许多亚非国家的人民所乘坐。宋元时期，中国造船业又进一步发展。许多外国朋友往往用"世界最进步的造船匠"来赞誉中国船工。

中国古代造船技术的特点是能创造出可以适应各种地理环境、各种性能要求的优良船型。例如，周代的方舟，是一种双体船。战国时期有舫船，也是两船并联在一起的双体船，不仅能提高稳定性，还便于装货载人。汉代的楼船非常高大雄伟。三国时期海上大船长数十米。晋代卢循造八槽舰。南北朝时期祖冲之造千里船。唐代有海鹘船。宋代最大的车船（桨轮船），长120米，宽13.67米。明代有郑和宝船，还有两头船、蜈蚣船、连环舟、子母舟以及其他新型船舰。连环舟分前后两截，前一截冲炸敌船，后一截脱环驶回。连环舟还长时间地用于民间运输，在弯曲小河中可以分成两截，便于转弯。子母舟后部中空，可以藏小船，入敌阵后燃烧和敌船同毁，战士乘小船返回。

清初，福建赶缯船的制造，是中国古代福船设计的精华。赶缯船的龙骨是有弯度的，先决定龙骨长短，后决定弯度。先由船长决定龙骨总长度，再按比例决定3段龙骨长度。其次便要决定龙骨两端的起橇（起翘），根据前后起橇就决定了龙骨的弯度。

中国古代船舶有很好的性能，主要包括：

第一，快航性。如江苏沙船由于多桅多篷，篷又高，能充分利用风力，船体吃水又浅，阻力小，所以快航性好。鸟船头小肚膨，身长体直，在速度方面和沙船、唬船差不多。明清时期淮扬课船、江西红船等内河船，也都具有快航的特点。

第二，抗沉性。中国古代船舶的抗沉性是世界闻名的。宋元时期中国船舶的水密隔舱（一舱或两舱漏水，不至于全船沉没）蜚声中外，许多外国朋友提到中国船，就要赞誉中国船的抗沉性和水密隔舱。而西方到18世纪才有水密隔舱。

第三，适航性。中国古代的船舶船型众多，多能因地制宜。不同船型能适应不同的地理环境。例如北方沿海多沙滩，中国船工就创造了平底沙船，少搁无碍。不管顺风逆风，甚至逆风顶水，都能航行。至于各水系的内河船，适航性能好的也很多。

第四，稳定性。宋代大龙舟用40万公斤压舱铁才能保持船舶的稳定性。福船最下层装土石压舱。这说明中国船工对于船舶的稳定性一向予以极大的注意。

9世纪以前，唐代海鹘船两舷有浮板，起稳定作用，这是披水板的起源。宋代海鹘船每侧有浮板4到6块，到明代已经简化为1块。后来，到明清之际，船底增设了梗水木两根，类似于今天的舭龙筋，起稳定作用。梗水木的出现是一大进步。沙船又备有竹制太平篮，平时悬挂于船尾，遇风浪时装石块放置于水中，使船不摇晃。因此，中国船的安全性和平稳性在当时获得了世界好评。

中国古代的兵器

有人说人类历史就是战争交织的血泪史，此话虽夸张，但战争的频繁却是有目共睹的，而和战争相随而生、相互促进的武器的发明和创造史不绝于书。在中国无论是冷兵器还是火器，都取得了巨大的成就。这些成就，成为中国古代军事技术成就的主要组成部分，它们如同颗颗璀璨的明珠，至今仍在中国古代科学技术宝库的辉煌殿堂中，闪烁着耀眼的光芒。

通常所说的冷兵器，是指用人力和机械力操持的直接用于斩击和刺杀的武器，如刀、矛、剑、弓箭等。冷兵器是人类社会发展到一定阶段才出现的，它经历了石兵器、青铜兵器和钢铁兵器3个发展阶段。

石兵器

中国古代的冷兵器，最初是由原始社会晚期的生产工具发展演变而来的。那时候，各氏族、各部落之间因纠纷而引起的武力冲突日渐增多，规模也不断扩大，终于发展成部落之间的战争。在这种战争中，单纯地使用带着锋刃的生产工具已经不能满足需要，于是就有人用石、骨、角、木、竹等材料，仿照动物的角、爪、鸟喙等形状，采用刮削、磨琢等方法，制成最早的兵器，或者说是原始的兵器。它们以石制的为主，所以称作石兵器。已出土的这类制品中，主要有石戈、石矛、石斧、石铲、石镞、石匕首、骨制标枪头等，有的还把石刀嵌入骨制的长柄中。这些石兵器，大致经过选材、打制、磨琢、钻孔、穿槽等工序制作而成。

石器时代的兵器虽然制作粗陋，但是已经形成了冷兵器的基本类型，石兵器虽然制作简单，但是它们却为第一代金属兵器——青铜兵器的创制开了先河。

青铜兵器

我们的祖先在新石器时代晚期，已经初步掌握了冶铜技术。作为装备军队的青铜兵器，在公元前 21 世纪建立的夏王朝已经问世。到了商代，随着青铜冶铸技术的提高，青铜兵器得到了进一步的发展，制品有长杆格斗兵器戈、矛、斧，卫体兵器短柄刀、剑，射远的复合兵器弓箭，防护装具青铜胄、皮甲、盾等。商代以后，铜的采掘和青铜冶铸业得到比较大的发展。

春秋战国时期还出现了青铜复合剑的制造技术，这种剑的脊部和刃部分别用含锡量不同的青铜铸成。铸造时，先铸造剑柄和剑脊，后铸造剑刃，再把剑刃同剑脊的榫部结合成一体。经过对这种剑的实物进行测定，脊部的青铜含锡量是 10%，刃部的青铜含锡量是 20%。含锡量比较低的脊部韧性比较大，不易折断，便于久用。含铜量比较高的刃部坚而锋利，利于刺杀。这种脊韧刃坚、刚柔相济的复合剑，既有比较好的刺杀力，又经久耐用，是青铜兵器制造技术提高的一个重要标志。同时，铜制的射远兵器弩，也在实践中得到了广泛的使用。

钢铁兵器

中国虽然在春秋晚期才进入铁器时代，但是我们的祖先在商代，已经能够使用陨铁制成比较锋利的钺刃，以后再在浇注青铜钺身时合在一起，制成铁刃铜钺。中国在春秋晚期，已经使用人工制造的铁器。到战国晚期，已经比较好地掌握了块炼铁固态渗碳炼钢技术，炼成质地比较好的钢，为制造钢铁兵器提供了原材料。这时，南方的楚国、北方的燕国和三晋地区，已经使用剑、矛、戟等钢铁兵器和用于防护的铁片兜鍪。到了西汉，由于淬火技术的普遍推广，钢铁兵器的使用越来越普遍，军队装备钢铁兵器的比例不断上升。之后，钢铁兵器不断革新和发展。

北宋仁宗庆历四年（1044 年）刊印的《武经总要》，全面记载了北宋初年制造和使用的钢铁兵器，有长杆刀枪各 7 种，短柄刀剑 3 种，专用枪 9 种，兵器和工具合一的 5 种，斧和叉各 1 种，鞭锏等特种兵器 12 种，防护装具 4 种，护体甲胄 5 种，马甲 1 种，弓 4 种，箭 7 种，弓箭装具 5 种，弩 6 种，复合式床子弩 8 种。它们实际上是集宋代以前发展的各种冷兵器的大成。人们常用刀、枪、剑、戟、斧、钺、钩、叉等十八般兵器来形容中国古代兵器之多，但是实际上中国古代兵器远远不止这 18 种。宋代以后，钢铁兵器虽然仍在发展，但是它们的战斗作用同逐渐发展起来的火器相比，只能退居次要地位。

古代火器

大约在北宋初年，火药武器开始用于战争。从此，在刀光剑影的战场上，又升起了弥漫的硝烟，传来了火器的爆炸声响，开创了人类战争史上火器和冷兵器并用的时代。北宋初年便有火球和火药箭等初级燃烧性武器的创制。火球经过发展，到明代后期种类又有增多，主要有神火混元球、火弹、火妖等毒杀性火球，烧天猛火无栏炮、纸糊圆炮、群蜂炮、大蜂窝、火砖、火桶等燃烧和障碍性火球，万火飞沙神炮、风尘炮、天坠炮等烟幕和遮障性火球等。火药箭主要制品有弓弩火药箭和火药鞭箭两种。到了南宋，创制了铁火炮和竹制、纸制的火枪。之后的元代制造出了火铳，它是依据南宋火枪尤其是突火枪的发射原理制成的。同火枪相比，火铳的使用寿命长，发射威力大，是元军和元末农民起义军使用的主要利器。

明朝建立后，由军器局和兵仗局专造碗口铳（与盏口铳类似）和手铳。同明太祖洪武年间的火铳相比，明朝中期的火铳、手铳有比较大的改进，手铳的改进尤为突出。

中国发明的火药和创制的火器，在 14 世纪初传入欧洲后，欧洲的火器研制者就在 14 世纪后期仿制成手持枪和早期射石炮。之后又进行各种改进，在 15 世纪后期制成各种火绳枪炮。16 世纪初，葡萄牙人东来，把用火绳点火发射弹丸的枪炮带到了印度、日本和中国。随后，明代嘉靖到万历年间，中国在大量制造火绳枪炮的同时，还全面发展了各种传统火器，包括改造明代前期的各种火铳，创制了快枪、多管（多发）铳、虎蹲炮，发展了利用火药燃气反冲力推进的火箭类火器和火球类、喷筒类等各种燃烧性火器，创制了各种爆炸弹和地雷、水雷。这些火器连同火绳枪炮，基本上囊括了中国古代火器的各个门类，形成了中国火器发展史上外来火器和传统火器同时发展、交相辉映的新时期。

中国古代的车辆

　　早在公元前 2000 年中国已有原始的车辆。早期的车以圆形木板为运动部件，称为"辁"。相传夏朝奚仲对车辆作了重大改进，从此出现了有辐条的轮。河南安阳殷墟遗迹中的车马表明商代的车是单辕两轮车，甲骨文中许多"车"字的造型可为佐证。商周的车多用马挽，也有用其他牲畜或用人挽的。周代已采用油脂作为车上轴承的润滑材料。

　　到了春秋战国时期，车轮的辐条数略有变化，辐条向毂斜置是一种比较先进的装置方式。当时已注意对车轮薄弱环节的加强，出现了夹辅。春秋战国时盛行车战，常使用数百乘以至数千乘战车作战。还出现了高架战车如楼车和巢车，主要用于侦察和瞭望。这一时期的技术专著《考工记》中"轮人"、"舆人"、"辀人"3 篇约占全书篇幅的一半，记录了一系列造车的技术要求和检验手段。例如用规校准车轮是否圆正，再用平整圆盘检验车轮是否平正，还用悬线验证辐条是否笔直，然后又将车轮放在水中视其浮沉情况，确定其各部分是否均衡。《考工记》中对车轴、车辕等各个部件均有深入的研究，对行山地的柏车和行平地的大车要求也各有不同。

　　秦朝时对车宽作出了统一的规定。汉朝车辆种类和数量都有巨大发展，出现了轺车（客车）、辎车、高车、安车和软轮车（蒲轮）以及四轮车和独轮车等。铁制车辆附件相继出现，同时也出现了铁辕车轮。东汉以后出现了指南车和记里鼓车。记里鼓车具有一套减速齿轮系统，最后一轴在车行驶 0.5 公里时才回转一周，并通过拨子（凸轮）使木人击鼓。指南车的齿轮系统比较简单，但能自动离合，技巧又超过了记里鼓车。指南车是传动机构齿轮系统发展到一定程度的产物，也是机械技术发展的标志。

晋朝以后各种新型和巨型车辆陆续出现。南北朝时的大楼辇驾 12 头牛。梁代侯景造的楼车、登城车、阶道车等作战车辆均高达数米，有的装有 20 个车轮。

到了隋朝何安造的两轮车，车前加一导轮，车后加一随轮，形成一种新型的四轮车。唐朝高级车辆构造精密，十分平稳，行车时可使车上水杯中的水不溢出。五代时林知元造三轮车。元朝薛景石《梓人遗制》中记录了"五明坐车子"并详细图示各部件的尺寸。明朝毛伯温为山地运输建筑材料创造八轮车。清朝出现挂帆的独轮车和铁甲车。铁甲车是四轮车，上下和四周都有铁叶防护。

在车辆发展的过程当中，从机械结构方面来说，尤其重要的是指南车和记里鼓车的出现。

指南车，又称司南车，是中国古代用来指示方向的一种机械装置。与指南针利用地磁效应不同，它是利用齿轮传动系统，根据车轮的转动，由车上木人指示方向。不论车子转向何方，木人的手始终指向南方，"车虽回运而手常指南"。三国时马钧是第一个成功制造指南车的人。《宋史·舆服志》详细地记载了燕肃和吴德仁所造指南车的结构和技术规范，成为世界史上最宝贵的工程学文献。

记里鼓车又有"记里车"、"司里车"、"大章车"等别名。有关它的文字记载最早见于《晋书·舆服志》："记里鼓车，驾四。形制如司南。其中有木人执槌向鼓，行一里则打一槌。"晋人崔豹所著的《古今注》中亦有类似的记述。因此，记里鼓车在晋或晋以前便已发明了。

417 年，刘裕率军打败晋军，将缴获的记里鼓车、指南车等运回建康（南京）。后宋太祖平定三秦时又将其缴获。宋仁宗天圣五年（1027 年），内侍卢道隆又造记里鼓车。后来吴德仁又重新设计制造了一种新的记里鼓车。吴德仁简化了前人的设计，所制记里鼓车，减少了一对用于击镯的齿轮，使记里鼓车向前走 0.5 公里时，木人同时击鼓击钲。《宋史·舆服志》对记里鼓车的外形构造也有较详细的记述："记里鼓车一名大章车。赤质，四面画花鸟，重台匀栏镂拱。行一里则上层木人击鼓，十里则次层木人击镯。一辕，凤首，驾四马。驾士旧十八人。太宗雍熙四年（987 年）增为三十人。"由上述文字可知记里鼓车的外形十分精美，充分显示出当时手工技艺的高超水平。

总之，这两种车体现了 2000 年前中国机械工程技术的高超水平，是中国古代技术的卓越成就。

物　　理

　　中国古代没有形成系统的物理科学，对物理学现象的阐释零散地见于有关典籍中，如《墨子》中对声学、光学、力学的论述，不但有相当的理论高度，而且有很重要的应用价值。中国先人发明的指南针被世界公认为是造福人类的中国古代四大发明之一，证明中国古代的物理学成就在世界上是遥遥领先的，只是在西方文化复兴运动之后，中国才逐渐被西方赶超。近代开始，中国物理学的研究发展也融入了西方科学家创立的近现代物理学体系之中。

中国四大发明之指南针

指南针是利用磁铁在地球磁场中的南北指极性而制成的一种指向仪器。我们现在所说的指南针是个总的名称，在各个不同的历史发展时期，它有不同的形体，也有不同的名称，如司南、指南鱼、指南针和磁罗盘等。

指南针作为中国古代四大发明之一，它发明的年代很早，时间可以追溯到 2000 多年前。

指南针大约在战国时期就已经出现了。最初的指南针是用天然磁石制成的，样子像一只勺，底圆，可以在平滑的"地盘"上自由旋转，等它静止的时候勺柄就会指向南方，古人称它司南。东汉王充，在他的《论衡·是应篇》中曾说："司南之杓，投之于地，其柢指南。"这里的"地"，是指汉代栻占的方形"地盘"。"地盘"四周刻有八干（甲、乙、丙、丁、庚、辛、壬、癸）和十二支（子、丑、寅、卯、辰、巳、午、未、申、酉、戌、亥），加上四维（乾、坤、巽、艮），共二十四向，用来配合司南定向。

古代的司南是用天然磁石经人工琢磨而成的。由于天然磁石在琢制成司南的过程中不容易找出准确的极向，而且也容易因受震而失去磁性，因而成品率低。同时也因为这样琢制出来的司南磁性比较弱，而且在和"地盘"接触的时候转动摩擦阻力比较大，效果不是很好，因此这种司南未能得到广泛使用。

随着社会生产力的不断发展，科学技术的不断进步，航海业的不断扩大和发展，制造出一种比司南更好的指向仪器不但成为必要，而且也有了可能。在经过劳动人民长期的生产实践和反复的试验之后，人们终于发现了人工磁化的方法，这就为更高级别的磁性指向仪器的出现创造了条件。

北宋初年，曾公亮主编的一部军事著作《武经总要》和由著名的科学家沈括撰写的《梦溪笔谈》里，分别介绍了指南鱼和指南针。指南鱼是将薄铁叶裁成鱼形，然后用地磁场磁化法，使它带有磁性。在行军需要的时候，只要用一只碗，碗里盛半碗水，放在无风的地方，再把铁叶鱼浮在水面，就能指南。但是这种用地磁场磁化法所获得的磁体磁性比较弱，实用价值比较小。另一种指向仪器是指南针，它是以天然磁石摩擦钢针制得。钢针经磁石摩擦之后，便被磁化，也同样可以指南。

在19世纪现代电磁铁出现以前，几乎所有的指南针都是采用这种人工磁化法制成的。这时，指南针在它的发展史上已经跨过了两个发展阶段——司南和指南鱼，发展成了一种更加简便、更有实用价值的指向仪器。以后各种名目繁多的磁性指向仪器，都以这种磁针为主体，只是磁针的形状和装置方法有所变化罢了。

南宋陈元靓在他所撰的《事林广记》中，也介绍了当时民间曾经流行的有关指南针的两种装置形式：木刻的指南鱼和木刻的指南龟。木刻指南鱼是把一块天然磁石塞进木鱼腹里，让木鱼浮在水上而指南。木刻指南龟的指向原理和木刻指南鱼相同，它的磁石也是安在木龟腹里，但是它有比木鱼更加独特的装置，就是在木龟的腹部下方挖一个小穴，然后把木龟安在竹钉子上，让它自由转动。这就是说，给木龟设置一个固定的支点。拨转木龟，待它静止之后，它就会指向南北。

正如在使用司南时需要有"地盘"配合一样，在使用指南针的时候，也需要有方位盘相配合。最初，人们使用的指南针可能是没有固定的方位盘的，但是不久之后就发展成磁针和方位盘合成一体的罗经盘，或称罗盘。

方位盘仍是汉时"地盘"的二十四向，但是盘式已经由方形演变成环形。罗经盘的出现，无疑是指南针发展史上的一大进步，只要一看磁针在方位盘上的位置，就能定出方位来。当时的罗盘，还是一种水罗盘，磁针都是横贯着灯芯浮在水面上的。旱罗盘大约出现在南宋。旱罗盘和水罗盘的区别在于：旱罗盘的磁针是以钉子支在磁针的重心处，并且使支点的摩擦阻力十分小，磁针可以自由转动。显然，旱罗盘比水罗盘有更大的优越性，它更适用于航海，因为磁针有固定的支点，而不会在水面上漂荡。

在指南针用于航海之前，海上航行只能依据日月星辰来定位，一遇恶劣天气，便束手无策；指南针用于航海以后，情况大为改观。

史籍中最早记载指南针用于航海的时间是在北宋。朱彧在他的《萍洲可谈》一书中评述了当时广州航海业兴旺的盛况，同时也记述了中国海船在海上航行的情形，说道："舟师识地理，夜则观星，昼则观日，阴晦观指南针。"这时海上航行还只是在见不到日月星辰的日子里才用指南针，这是由于人们靠日月星辰来定位已有1000多年的经验，而对指南针的使用还不是很熟练。随着指南针在海上航行的不断应用，人们对它的依赖也与日俱增，并且有专人看管。南宋吴自牧在他所写的《梦粱录》中说道："风雨冥晦时，惟凭针盘而行，乃火长掌之，毫厘不敢差误，盖一舟人命所系也。"由此也可以看出指南针在航海中的地位和作用。到了元代，指南针一跃而成为海上指航最重要的仪器，不论冥晦阴晴，都利用指南针来指航。而且这时海上航行还专门编制出罗盘针路，船行到什么地方，采用什么针位，一路航线都一一标明。元代的《海道经》和《大元海运记》里都有关于罗盘针路的记载。元代周达观写的《真腊风土记》里，除了描述海上见闻外，还写到海船从温州起航，"行丁未针"。由于南洋各国在中国南部，所以海船从温州出发要用南向偏西的丁未针位。

明初航海家郑和"七下西洋"，为扩大中国的对外贸易，促进东西方的经济和文化交流，加强中国的国际政治影响，增进中国同世界各民族的友谊，作出了卓越的贡献。而这一突出贡献的领路者、导航家便是这伟大的发明——指南针。郑和的船队，从江苏刘家港出发到今苏门答腊北端，沿途航线都标有罗盘针路，在苏门答腊之后的航程中，又用罗盘针路和牵星术相辅而行。指南针为郑和开辟中国到东非航线提供了可靠的保证。

中国的指南针是在 12 世纪末到 13 世纪初经过阿拉伯传入欧洲的。就世界范围来说，指南针在航海上的应用，促使了以后哥伦布对美洲大陆的发现和麦哲伦的环球航行。这大大加速了世界经济发展的进程，为资本主义的发展提供了必不可少的前提。

指南针的发明带来的深远影响自不待言。

中国古代动力的利用

世界上任何一个民族，在发明机械的初期，所需要的原动力都出自人的本身。人力的利用可以说是源远流长。要是能把一人或多人的力量储备起来，延长一段时间再利用，这在人力的利用方面便是一个巨大的进步，在机械制造方面也是一个卓越的成就。弩机就是典型的储备人力的机械装置。

上古的时候，弹和箭都是利用弓的弹力发射出去的。随着弓箭的发展，弓的力量已经逐步增加到相当强大的程度，可以射向远处。但是人的臂力有限，张开了弓不能持久，迫切需要一个"延时"，以便捕捉最有利的发射时机。经过劳动人民的刻苦研究，创造了弩机。弩的使用是先把弦拉开扣在弩机上，要射的时候再搬动"悬刀"（扳机），把箭射出去。当时的弩机只具备"延时"的作用，也就是储备人力的作用。中国在春秋时期已经有弩机，战国中期的铜弩机已经比较进步了。中国弩的出现比西方早 13 个世纪。

弩机的发明和逐步完善是中国古代兵器制造技术的突出成就。最初，弩也和弓一样只用一个人手臂的力。经过逐步发展，就有了采用脚蹬方式拉弦的"神臂弓"，有用绞车开弦的"车弩"，还有把两张弓或三张弓合成一个弩的"床子弩"，这更加发挥了储备人力的作用。

中国古代和弓弩的道理相似的机械装置还有锥井机，它也是利用人力和弹力进行工作。锥具的上端系在大竹弓的弓弦中间，凿井的时候利用人力使锥具下行向下凿进，同时也使弓弦向下拉，这样就蓄积一部分弹力。锥具返回上行就利用弓弦的弹力使它向上。中国劳动人民在汉代就能够开凿深井了。中国的深钻技术比西方大约早 11 个世纪。

牲畜力的利用在中国也是很早就开始的，并且得到广泛的应用。如利用畜力拉车、驮载；在农业方面用来耕田、播种、提水灌溉以及农作物的收获和加工；在手工业方面如冶铸业的鼓风，盐业的汲卤，纺织业的纺纱，糖业的榨蔗取浆等，都广泛地利用牲畜力。

在古代人们开始利用风力的时间只晚于牲畜力，也是很早的，或利用风力表明风向，或利用风力行船，或利用风轮提水灌溉，或利用风轮吸海水制盐。中国立帆式风轮更具有民族特点。立帆式风轮是在风轮的外缘竖装 6 张或 8 张船帆。中国船帆的特点之一是非常灵活，立帆式风轮就充分发挥了这一特点。每一张帆转到顺风一侧能自动和风向垂直，这样就能获得最大风力。转到逆风一侧的时候，又能自动和风向平行，使所受阻力最小。并且不管风向怎样改变，风轮总是向一个方向旋转。这是中国劳动人民的独特创造。风轮像船帆一样，风大可以放落一部分，减少所受风力，以免速度太大使全轮受损。

关于水力的利用，中国古代劳动人民也有许多成效卓著的发明创造。首先是浮力的利用，除了利用水的浮力进行船舶运输以外，还利用一定水位具有一定水压力能控制流量的道理，创造计时仪器"铜壶滴漏"。古代人用船称象，用水浮球，用船打捞铁牛等都是利用水的浮力的著名历史事件。中国古代利用水力鼓风冶铁也是科学技术史上光辉的篇章，比西方大约早 11 个世纪。总的来看，最晚在西汉末年，中国已经开始利用水力作为原动力，已经有 2000 多年的历史了。

中国古代对于热力的利用，时间也比较早，处于世界先进行列，也是中国科学技术史上光辉的一页。用上升热空气流驱动的走马灯，表明这一项原理的利用比西方大约早 10 个世纪。宋人诗词和笔记中有不少关于"马骑灯"的记载。它是现代燃气轮机的始祖。

中国最早发明火箭是世界公认的。在宋元时期，中国就有关于"起火"的记载。宋理宗绍定五年（1232 年）汴京之战，已经使用了真正的火箭。当时，甚至有人利用 47 枚大火箭进行推进座椅飞行前进的试验。因此，外国人称中国人是"第一个企图使用火箭作运输工具的人"，或称"第一个企图利用火箭飞行的人"。古代的火箭最简单的一种只是在箭身上绑一个厚纸做成的火药筒，点燃引火线后，药筒里火药燃烧，从尾部喷射出火焰（燃烧气体），火焰向后喷就产生了反作用力，推动药筒向前运动，箭也随着向前飞行了。"起火"飞向天空也就是这个道理。小"起火"飞向天空的时候后面带着一溜火星。大"起火"由于装药比较多，并且有各种不同的装配方式，火花各不相同，如"流星赶月"、"九龙取水"等，有的还装有各种彩色闪光物质，点燃以后放射出绚丽的火花。一时间花雨泻空，五彩缤纷，点缀着那安静而又深邃的苍穹，形成了丰富多彩的夜景。明初的"火龙神机柜"、"一窝蜂"都是多发火箭。明代还有"神火飞鸦"和"飞空击贼震天雷炮"。"神火飞鸦"用大"起火"四支作为推动力。"飞空击贼震天雷炮"是一种原始飞弹。这两种火器都有翼，是一种新的发明。明代还有一种两级火箭，叫"飞空砂筒"，用两个"起火"一正一倒异向装置，一个"起火"作为飞去的动力，爆炸后，另一个"起火"引燃作为飞回的动力，仍能向本营方向飞回。还有一种叫"火龙出水"，也是原始两级火箭，用 4 个大火箭筒作为动力，把一个龙形竹筒射出，射到敌方以后，又引着竹筒里的神机火箭，杀伤敌人。以上各种火箭的记载，不仅说明了中国是发明火箭最早的国家，而且火箭具有多种形式，充分体现了中国人民的高度智慧和卓越的创造能力。

化　　学

　　人类的化学历程是从火的利用开始的。火是化学的开端。而中国从 50 万年前的北京人时就已经学会了人工取火。

　　著名的四大发明之一的火药以及享誉世界的瓷器、独具特色的制曲和酿酒技术、运用胆铜法进行湿法冶金等就是中国古代化学的重要成就。也就是说，中国古代化学是长期领先于世界的。

　　但是中国古代化学只重视实际应用，而不重视理论研究。由于不重视理论研究，近代中国开始品尝自己种下的苦果，西方列强利用自己船坚炮利的优势欺辱中国 100 多年……中国系统的真正意义的化学是"西学东渐"以后的事了。

中国四大发明之火药

火药的发明至今已有1000多年了，当时称作黑火药，它是硝酸钾、硫黄、木炭3种粉末的混合物。这种混合物极容易燃烧，而且燃烧起来相当巨烈。这是因为硝酸钾是氧化剂，加热的时候释放出氧气。硫和碳容易被氧化，是常见的还原剂。把硝酸钾、硫黄和木炭混合燃烧，氧化还原反应迅猛进行，反应中放出高热和产生大量气体。假若混合物是包裹在纸、布、皮中或充塞在陶罐、石孔里，燃烧的时候由于体积突然膨胀，增加到几千倍，就会发生爆炸。这就是火药燃烧爆炸的原理。

火药的得名源于炼丹制药，火药顾名思义就是"着火的药"。

在春秋晚期，有一个叫计然的人就说过："石流黄出汉中，消石出陇道。"石流黄就是硫黄，消石就是硝石，古时还称焰硝、火硝、苦硝、地霜等。可见早在春秋战国时期，木炭、硫黄、硝石已经为人们所熟知。在中国第一部药材典籍——汉代的《神农本草经》里，硝石、硫黄都被列为重要的药材。即使在火药发明之后，火药本身仍被引入药类。明代著名医药学家李时珍所著的《本草纲目》中，说火药能治疮癣、杀虫、辟湿气和瘟疫。

火药的发明经历了一个过程。早在商周时期，人们在冶金中已经广泛使用木炭。在实践中，人们已经了解到木炭是比木柴更好的燃料。硫黄天然存在，人们很早就开采它。同时在冶炼中，逸出的刺鼻的二氧化硫和温泉中产生的硫黄气直接刺激着人们的器官。就在这些接触中，人们逐渐认识到硫的一些性能。除了获知它对某些皮肤病有特别的疗效外，还有某些奇特的性质。如《神农本草经》里说："石硫黄……能化金银铜铁，奇物。"就是说硫能和铜铁等金属化合。中国最早的一本炼丹著作——东汉的《参同契》里，记载硫和水银化合生成红色硫化汞的反应。硫的这些性能在从事炼丹的方士眼里很受重视。硫不仅能和铜铁等金属化合，还能把神奇的水银制服。于是方士们在妄图用水银炼制所谓的"金液"、"还丹"中，常常使用硫。在实验中，人们还发现，硫的性质活泼。怎样才能使它药性缓和变成比较容易控制呢？方士们采用了一种名叫"伏火法"的办法，就是将硫和其他易燃物质混合加热或进行某种程度的燃烧，使它变性。火药的发明就和这类硫黄伏火的实验有密切联系。硝的引入是制取火药的关键。硝的化学性质很活泼，撒在赤炭上立即就产生焰火，能和许多物质发生作用，所以在炼丹中，常用硝来改变其他药品的性质。同时又有很多伏火硝石的方法，因为硝石的颜色和其他一些盐类如朴硝（硫酸钠）等差别不大，在使用中容易搞错，因此人们还掌握了识别硝石的方法。南北朝时期的医药家陶弘景在《本草经集注》中指出："以火烧之，紫青烟起，云是硝石也。"这和近代用焰色反应来鉴别硝酸钾是相似的。这为后来大量地采用硝石做了技术上的准备。对炭、硫、硝三种物质性能的认识，为火药的发明准备了条件。

　　在中国封建社会的发展阶段，由于医药学和炼丹活动的发展，特别是通过长期的实践，在唐代人们在伏火硫黄、伏火硝石的多次实验中观察到，点燃硝石、硫黄、木炭的混合物，会发生异常巨烈的燃烧。在《诸家神品丹法》卷五中载有"孙真人丹经内伏硫黄法"：取硫黄、硝石各2两，研成粉末，放在硝银锅或砂罐里。掘一地坑，将锅放在坑里和地平齐，四面都用土填实。把没有被虫蛀过的3个皂角子逐一点着，然后夹入锅里，把硫黄和硝石烧起焰火。等到烧不起焰火了，再拿木炭来炒，炒到木炭消去 1/3，就退火，趁还没有冷却，取出混合物，这就伏火了。从这一记载可见，当时已经掌握了硝、硫、炭混合点火会发生剧烈反应的特点，因而采取措施控制反应速度，防止爆炸。同类的实验在唐中期的《铅汞甲庚至宝集成》卷二中也有出现。有个名叫清虚子的，在讲"伏火矾法"时说道："硫二两，硝二两，马兜铃三钱半。石为末，拌匀。掘坑，入药于罐内与地平。将熟火一块，弹子大，下放里面，烟渐起，以湿纸四五重盖，用方砖片捺以土冢之，候冷取出，其硫黄伏住。"在这个实验里，野生植物马兜铃和上面实验中的皂角子一样，都是代替炭起燃烧作用的，同样也注意防止混合物的巨烈燃烧。这样的操作方法是经过反复实践的经验总结，关于失败的教训也有记载。成书约在五代时期一本名叫《真元妙道要略》的炼丹书就告诫说，拿硫黄、硝石、雄黄和蜜合起来一块烧，会产生焰火，把人的脸和手烧坏，还能直冲屋顶，把房子也烧了。由此可见人们已经熟知这类混合物燃烧爆炸的性能，在炼丹中加以防止。人们有意识地利用这类混合物的这一性能，火药就被掌握了。

随后火药运用在武器上，促进了火药武器的出现。而火药武器的出现反过来推动了火药的研究和大规模生产。北宋以熟悉法令典故而著称的宰相曾公亮等编写的军事著作《武经总要》里，不仅描述了多种火药武器，还记下了当时的 3 种火药配方：制毒药烟球用焰硝 30 两，硫黄 15 两，木炭 5 两，外加巴豆、砒霜、狼毒、草乌头、黄蜡、竹茹、麻茹、小油、桐油、沥青等；制蒺藜火球用焰硝 40 两，硫黄 20 两，木炭 5 两，外加竹茹、麻茹、小油、桐油、沥青、黄蜡、干漆等；制火炮用焰硝 40 两，硫黄 14 两，木炭 14 两，外加竹茹、麻茹、清油、桐油、黄蜡、干漆、砒黄、黄丹、浓油等。从这 3 种配方我们可以看到，火药的主要成分是硝、硫、炭。而硝的比例已大大增加，它比硫和炭的总和还要多得多。这已经接近后来黑火药中硝占 75% 的配方。其他配料含量都很少，分别起燃烧、爆炸、放毒和制造烟幕等作用。可见当时火药的配方已经很复杂。

　　早在唐代，中国和波斯、印度、阿拉伯等一些国家海上的贸易往来很频繁，就在这时，硝随医药和炼丹术由中国传出。当时阿拉伯人把硝叫做"巴鲁得"，意思就是"中国雪"，波斯人却叫它"中国盐"，但是他们只知道用硝来炼金、治病和做玻璃。直到1225—1248年火药才由商人经印度传入阿拉伯国家。欧洲人，首先是西班牙人，在13世纪后期通过翻译阿拉伯人的书籍，才知道火药。而火药技术的外传，却导致了中国近代社会的悲剧，欧洲列强用中国发明的火药轰开了中国的大门，使中国经历了长达一个世纪的半殖民地半封建社会的境况。但不得不说，火药的发明，在世界兵器史和军事史上引发了一连串重大的变革，它，改变了世界。

古代冶金技术巨大成就

生铁

中国是世界上最早发明并使用生铁的国家。我们通常说的铁分生铁和熟铁两种。人们通常把含碳量在 0.05% 以下 的 叫熟铁，0.05% ~ 2.0% 的叫钢，2.0% ~ 6.67% 的叫生铁。

人类早期炼得的熟铁通常叫块炼铁，它是铁矿石在 800 ~ 1000℃ 的条件下，用木炭直接还原得到的，所含非金属夹杂比较多，要通过反复锻打才能排除，同时含碳量往往比较低，因而很软；生铁的冶炼温度是 1150 ~ 1300℃，出炉产品呈液态，可以连续生产，可以浇注成型，非金属夹杂比较少，质地比较硬，冶炼和成形率比较高，从而产量和质量都大大提高。由块炼铁到生铁是炼铁技术史上的一次飞跃。中国冶铁术大约发明于西周时期，比欧洲晚，可是它一经发明，不久就出现了生铁，后来者居上，使中国成为世界上最早发明并使用生铁的国家。

可锻铸铁

可锻铸铁原是白口铁经高温退火得到的一种高强度铸铁，具有一定的塑性和冲击韧性。依热处理条件的差别，又可分成白心可锻铸铁和黑心可锻铸铁两种：白心可锻铸铁以脱碳为主，又叫脱碳可锻铸铁；黑心可锻铸铁以石墨化为主，又叫石墨化可锻铸铁。

国外的白心可锻铸铁是 1722 年由法国人首先发明的。1826 年，美国人又发明了黑心可锻铸铁。此后一个相当长的时期里，人们都把白心可锻铸铁叫做"欧洲式可锻铸铁"，把黑心可锻铸铁叫做"美洲式可锻铸铁"。其实，这两种可锻铸铁，中国早在 2000 多年前就已经发明了。

球墨可锻铸铁

球墨可锻铸铁因所含石墨呈球状而得名。它有比较高的强度、塑性和韧性，铸造加工性能也比较好。在国外，铸态球墨是 1947 年后使用了加入球化剂的方法才得到的。多年来，人们一直试图用白口铁退火的方式来获得球状石墨，但是难度很大。中国古代生铁含硅量长期偏低，在硅含量低的情况下，中国人民不但生产了大量具有絮状石墨的可锻铸铁，而且生产了部分球墨可锻铸铁，这在世界冶金史上是十分罕见的，实在是难能可贵。

炒钢

炒钢因在冶炼过程中好像炒菜一样要不断地搅拌而得名。炒钢工艺大约发明于西汉。炒钢的生产过程分两步：先炼生铁，后炼钢。因而在某种意义上说，炒钢的出现便是两步炼钢的开始，是具有划时代意义的重大事件。它进一步促进了中国古代铁器的广泛使用和社会生产力的发展。18 世纪中叶，英国发明了炒钢法，在产业革命中起了很大的作用。马克思怀着极大的热情给予了很高的评价，说不管怎样赞许也不会夸大了这一革新的重要意义。

铸铁脱碳钢

铸铁脱碳技术大约可以追溯到战国早期。经秦、汉、魏、晋到南北朝时期，这项技术发展到了相当成熟的阶段，由于炒钢等冶炼工艺和加工工艺的发展，铸铁技术、可锻铸铁技术逐渐失去了它们在生产中的重要地位，唐代以后就很少看到了。铸铁脱碳钢的发明具有十分重要的意义。古代一般是没有铸钢的，而锻钢生产率很低，加工比较难，所含杂质比较多。中国古代利用生铁生产率比较高、容易成型、杂质比较少的优点，通过脱碳退火的办法，得到一种组织和性能同近代铸钢相近的铸件，这是中国古代冶金技术中的一项重大发明。

灌 钢

所谓灌钢，就是"以生柔相杂和，用以作刀剑锋刃者"。"生"就是生铁，"柔"应是一种可锻铁，只从含碳量看，应包括现代意义的钢和熟铁。灌钢发明的时间可追溯到汉魏晋时期。南北朝时期，灌钢工艺有了一定的发展，生产已经比较普遍，已用于刀、镰一类普通生产工具和生活用器的生产。北朝东魏北齐间的綦毋怀文用灌钢制造了一把大钢刀，叫"宿铁刀"，"斩甲过三十札"，非常锋利。灌钢是以生铁和可锻铁作为原料，灌炼操作的温度在生铁熔点以上，因此生产率比较高，渣、铁分离比较好。人们可以通过控制原料配比和鼓风等操作来控制产品成分，因此产品质量也比较好。在 1740 年坩埚液态炼钢法发明以前，世界上制钢工艺基本上属于固态冶炼和半液态冶炼，渣、铁分离比较难。像灌钢这样，成分比较容易控制，渣、铁分离也比较好的，在古代制钢技术中是十分罕见的。

"六齐"

"六齐"是中国古代配制青铜合金的六条规定，"六齐"的成分配比规定是中国古代青铜技术高度发达的表现，它是许多试验资料的反映和归纳。中国早在夏代就掌握了红铜冷锻和铸造技术，夏末商初就有了青铜冶炼和铸造，商代中期以后就创造了高度发达的青铜文化。浑厚庄重的司母戊鼎、技术高超的四羊方尊等都是青铜器的精品。兵器坚韧锋利，响器的声音悦耳悠扬，这些都说明中国人民很早就有了丰富的合金知识。

"六齐"的成分配比规定和现代科学的基本原理是完全相同的。它的产生有极大的技术意义和社会意义。它是世界上对合金成分和性能关系的最早认识。

锌的冶炼和含镍白铜

中国是世界上最早冶炼并使用金属锌的国家。欧洲直到 16 世纪才认识到锌是一种金属，17 世纪才知道由炉甘石炼锌。这充分显示了中国人民的聪明才智和创造精神。

中国使用含镍白铜的时间比较早，文献上关于白铜的记载最初见于东晋常璩《华阳国志》：在今云南会泽、巧泉一带有一座螳螂山"出银、铅、白铜、杂药"。有研究表明，在秦汉时期，中国镍白铜就运到了大夏国，人们还用它铸成了钱币，它的成分和中国的白铜十分接近，含铜77%、镍20%。18 世纪的时候，许多西方人都极力仿制中国白铜，直到 1823 年才由英国人和德国人仿制成功。以后各种各样的仿制品进入了市场，最流行的名叫"德国银"。中国白铜的西传，对西方镍白铜的生产和近代化学工艺起了很大的推动作用。

湿法冶金的起源
——胆铜法

　　胆水炼铜，以中国为最早，是湿法冶金的起源，在世界冶金史上具有重要意义。

　　古人在冶炼铜和铁、应用铜铁器的长期实践中，逐渐对铁与铜的盐类相接触而发生的化学反应有了一些认识。

　　早在西汉成书的《淮南万毕术》里，就有"曾青得铁则化为铜"的记载。曾青又有空青、白青、石胆、胆矾等名称，其实都是天然的硫酸铜。硫酸铜晶体一般呈蓝色，因在空气里部分风化失掉水分成为白色，所以曾青又叫白青。东汉时的著作《神农本草经》也有"石胆……能化铁为铜"的记载，这和上面的记载是一致的。晋葛洪《抱朴子内篇·黄白》中也有"以曾青涂铁，铁赤色如铜"的记载。南北朝时期陶弘景所做的实验，又扩充了以前的范围，不限于硫酸铜，只要是可溶性的铜盐，就会和铁发生置换反应。他说："鸡屎矾……投苦酒中涂铁，皆作铜色。"苦酒指醋酸，鸡屎矾也许是碱式硫酸铜或碱式碳酸铜。它们和硫酸铜不一样，都是难溶于水的物质，所以要加醋酸使其溶解。以上记载都清楚地表明，铁和铜盐能发生反应，把铜盐中的铜置换出来。我们把金属活性顺序表和上面的记载略加比较，就能看出我们的祖先对这一现象认识的深刻程度。

　　几种金属活性顺序依次是：钾、钠、钙、镁、铝、锌、铁、锡、铅、（氢）、铜、汞、银、铂、金。金属的位置越在前面，它的金属活性越强。铁在上面的金属活性顺序表中排第七位，而铜却排在第十位（氢除外），说明铁要比铜活泼得多。因此，铁能和铜盐发生反应而置换出铜。

我们的祖先并没有仅仅停留在上述这一认识上。到了宋元时期，已经发展成湿法炼铜的胆铜法应用于生产，成为大量生产铜的主要方法之一。

所谓胆铜法，就是把铁放在胆矾溶液（水合硫酸铜溶液，俗称胆水）里使胆矾中的铜离子被金属铁所置换而成为单质铜沉积下来的一种产铜方法。这种产铜方法有许多优点：它可以就地取材，在胆水多的地方设置铜场；设备比较简单，技术操作容易，成本低，只要把铁薄片和碎块放入胆水槽中浸渍几天，就能得到金属铜的粉末。胆铜法可以在常温下提取铜，不必像火法炼铜那样需要高温，这样既节省大量燃料，又不必使用鼓风、熔炼等设备。含有铜的贫矿和富矿都能作胆铜法的原料。

由于社会经济的发展，宋代铸币铜原料不足，而湿法炼铜的胆铜法具有上面的许多优点，所以宋代对胆铜法很重视，应用这种方法生产铜的地方很多，据宋代文献记载，就有 10 多处。其中以韶州岭水（今广东曲江）、信州铅山（今江西铅山）、饶州德兴（今江西德兴）三场最著名，规模也最大。北宋胆铜产量每年达 50 多万公斤，占当时铜总产量的 15% ~ 25%。南宋铜产量虽大减，胆铜所占比例却比以前都高，宋高宗绍兴年间胆铜占总产量的 85% 以上。

胆铜的生产过程包括两个方面：一是浸铜，二是收取沉积的铜。各场中所用方法，有同有异，但总括起来大概有 3 种：一种是在胆水产地就近随地形高低，挖掘沟槽，用茅席铺底，把生铁击碎，排砌在沟槽里，把胆水引入沟槽浸泡，分段处用木板隔开，看上去呈阶梯状。利用铜和铁颜色不一的现象，浸泡后待颜色改变，说明胆水里的铜离子已被铁置换。然后把浸泡过的水放走，把茅席取出，沉积在茅席上的铜就可以收集起来，再引入新的胆水，周而复始地进行生产。另一种是在胆水产地设胆水槽，把铁锻打成薄铁片，排置于槽中，用胆水浸没铁片，浸渍几天，薄铁片表面便被一层"赤煤"（铜的粉末）覆盖。把薄铁片从胆水槽中取出，刮取铁片上的"赤煤"。因"赤煤"几乎全是单质的铜，把它放入炼炉里略加炼制，就得到纯铜。这种方法和上面的方法大同小异，只是费事很多。不过把铁锻打成薄片浸铜，是有道理的。因为同样重量的铁，用薄铁片浸铜可增加铁的表面积，加大铁和胆水的接触面积，使铁和胆水中的铜离子接触机会增多，这样既能缩短炼铜时间，又可提高铜的产量。第三种是煎熬法，把胆水引入用铁所做的容器里煎熬。盛胆水的工具既是容器，又是化学反应的参与者。煎熬一定时间就在铁容器上得到铜。煎熬法的好处在于加热和煎熬过程中胆水由稀变浓，可加速铁和胆水中铜的置换反应，但是这种方法毕竟要用燃料，还需要专人操作，成本高。所以宋代胆铜生产多数胆场基本上用前两种方法。在胆铜生产中，浸铜时间随胆水浓度等不同而有长有短。元末明初的危素在《浸铅要略序》（见《危太朴文集》）中对饶州兴利场的浸铜时间作了说明："其泉三十有二，五日一举洗者一，七日一举洗者十有四，十日一举洗者十有七。"浸铜一次所需时间不同也是符合实际情况的，因为要浸得一定数量的铜，胆水浓，含铜离子多，浸铜时间可短些；胆水稀，含铜离子少，浸铜时间就要长一些。《浸铜要略》一书是北宋哲宗时张潜所撰。危素所反映的应是书中所记述的宋代的情况。综上所述，从浸铜、取铜方法优劣的比较，到浸铜时间的掌握，说明湿法炼铜的胆铜法在宋代已经发展成一套比较完善的工艺。

在欧洲，湿法炼铜出现比较晚。15世纪50年代，人们把铁片浸入硫酸铜溶液，偶尔看见铜出现在铁表面，还感到十分惊讶，由此可见，当时中国在相关方面科技成就的先进程度。

中国古代三大铸造技术

在中国古代金属加工工艺中，铸造占有突出的地位，具有广泛的社会影响，像"模范"、"陶冶"、"熔铸"、"就范"等习语，就是沿用了铸造业的术语。劳动人民通过世代相传的长期生产实践，创造了具有中国民族特色的传统铸造工艺。其中泥范、铁范和熔模铸造最重要，称古代三大铸造技术。

泥范铸造

中国自新石器时代晚期，就进入铜石并用时代。有研究表明，夏代已经能熔铸青铜。最初的铸型是使用石范。由于石料不容易加工，又不耐高温，在制陶技术发达的基础上，很快就改用泥范，并且在长达3000多年的时间里，在随着近代机器制造业的兴起采用砂型铸造以前，它一直是最主要的铸造方法。

商代早期以河南偃师二里头遗址作为标志，已经用泥范铸造铜铸、铜凿等小型生产工具和铜铃、铜爵等日用器具。稍后，以郑州二里岗作为标志，青铜冶铸业开始发达起来。郑州张寨出土的两个大方鼎，分别重64.25公斤和82.25公斤，表明商代中期铸铜技术已经具有相当水平，从单面范、双面范铸造，发展到能用多个型、芯进行复合铸造重达数十公斤以上的大型铸件。盘庚迁殷以后，以安阳小屯殷墟作为标志，青铜冶铸技术达到鼎盛时期。出土和传世的几万件商、周青铜器，既是重要的历史文物，又是冶铸工匠智慧和才能的结晶，它们的学术、艺术价值和技术水平是世界所公认的。

为了获得形状高度复杂、花纹精细奇丽的青铜铸件，古代冶铸工匠采取了一系列重要的工艺措施，例如在造型材料的制备上，就地取材，精选质地纯净、耐火度比较高的沙泥，予以炼制。在造型工艺上，以分铸法作为基本工艺原则，获得复杂的器形：先铸器身，再浇注附件（如兽头、柱等）；或者先铸得附件（如鼎的耳、足等），再在浇注器身的时候铸接成一体。著名的四羊方尊（湖南宁乡出土）就是使用分铸法铸成的。

此外，对于范芯的干燥、焙烧、装配，均匀壁厚使它达到同时凝固，预热铸型使它能顺利浇注等方面，商周时期都已经摸索出了一整套成熟的工艺，不但为以后的泥范铸造，而且为金属成型和熔模铸造，奠定了技术基础。

中国古代泥范铸造的又一个杰出成就是叠铸法的出现和广泛应用。所谓叠铸是把许多个范块或成对范片叠合装配，由一个共用的浇道进行浇注，一次得到几十甚至几百个铸件。这种方法在近代是随着大机器生产的出现，需要大批小型铸件（如活塞环、链节等），才发展起来的。由于它生产率高，成本比较低，可以节省造型、浇注面积，目前仍在广泛应用。中国最早的叠铸件是战国时期的齐刀币。到了汉代，叠铸广泛用于钱币、车马器的生产。

用泥范铸造大型和特大型铸件，从唐宋时期起，有很大发展。沧州五代时期的铁狮，当阳北宋的铁塔，北京大钟寺明代的大钟，都是世界闻名的巨大铸件。

金属型铸造

铸型材料从石、泥和沙改用金属，从一次型经多次型又改进成为耐用性更高的所谓"永久"型（就是金属型），在铸造技术的历史发展上具有重要的意义。在 1953 年河北兴隆发现的铁范，包括锄、镰、斧、凿、车具等共 87 件，大部分完整配套。其中，镰和凿是一范两件，锄和斧还采用了金属芯。它们的结构十分紧凑，颇具特色。范的形状和铸件相吻合，使壁厚均匀，利于散热。范壁带有把手，以便握持，又能增加范的刚度，创造了一种中国风格的金属型。近年来，在河南南阳、郑州、镇平、河北满城和山东莱芜等地又陆续出土了许多件汉代铁范，品种比战国时期显著增多，采用的铸型却基本相同。

除铁制金属型外，战国时期和汉代已经用铜制金属型铸造钱币（如传世和出土的五铢铜范等）。它们在生产中起着重要作用，但是在文献中，却很少有记载。

从战国、秦、汉起，由泥范翻铸铁范，再由铁范翻铸铁器的工艺基本上延续不变，是一脉相承的，在工艺操作上形成一套合乎科学原理的办法。例如，用铁水预热铸型（最初浇注的若干件作为废品或次品处理），使用双层涂料，浇注以后及时打箱，除使用金属芯外还采用泥芯，使用简易的装卡机构等。由于金属型生产率高，使用寿命长（可浇注小型铸件几百次），产品规格齐整，又能保证得到白口组织（在浇注铁件的时候），它和铸铁柔化术配合使用，在古代农具铸造上发挥着十分重要的作用。

用铁范铸炮是中国传统金属型铸造的一个创举。鸦片战争时期，在浙江省炮局监制军械的龚振麟，为了赶铸炮位，打击侵略者，曾经用铁范铸炮并且获得成功。他所撰写的《铁模铸炮图说》，由魏源收入《海国图志》中，得以保存到现在。它是世界上最早论述金属型铸造的科学著作。

熔模铸造

传统的熔模铸造一般称失蜡、出蜡、捏蜡或拨蜡。它和用来制造汽轮机叶片、铣刀等精密铸件的现代熔模铸造，无论在所用蜡料、制模、造型材料、工艺等方面，都有很大不同。但是，它们的工艺原理是一致的，并且，现代的熔模铸造是从传统的熔模铸造发展而来的。

现代熔模铸造多用于小型铸件，铸件过大，精度不容易保证。古代熔模铸造多用于艺术铸件，精度要求不像现代机械零件那样严格。因此，如《天工开物》所记载，有用失蜡法来铸"万钧钟"的。

元代设出蜡局，专管失蜡铸造。清代内务府造办处等也设有专职工匠，现存于故宫博物院、颐和园的铜狮、铜象、铜鹤、狻猊等，都是具有代表性且艺术价值很高的失蜡铸件，颐和园铜亭的某些构件也是用失蜡法铸成的，亭壁镌刻有拨蜡工杨国柱、张成、韩忠、高永固4位匠师的姓氏，可作佐证。

失蜡法在中国有悠久的历史，具有自己的工艺特点和艺术风格，它和泥范、铁范一样，都是劳动人民创造的珍贵的科学技术遗产，值得我们学习借鉴。

享誉世界的中国瓷器

　　瓷器是一种工艺化学产品，在世界上以中国的发明为最早。中国瓷器的历史，最早可以推溯到3000多年前的商代，瓷器是在制陶技术不断发展的基础上发明的。

　　早在6000多年前原始社会的新石器时代，我们的祖先就已经制造并且使用陶器。当时的陶器是用黏土经手工捏制以后，放入陶窑在五六百摄氏度的温度下烧成的，因此质地粗松。到了仰韶文化和龙山文化时期，在长期的实践中，人们对于陶土的黏性和可塑性，对于火的利用和控制，有了进一步的认识。在制造陶器的过程中，已经懂得了采用精细淘洗过的陶土作胎。制胎不仅有手制、模制，有的还用轮制。器皿的外部不仅研光，有的还绘有红色和黑色等图饰，考古学家叫它"彩陶"。有一种质地坚硬、胎薄、纯黑、近乎半透明的陶器最引人注意，考古学家叫它"蛋壳陶"。这些陶器之所以质地坚硬，是和当时陶窑结构的进步分不开的。河南庙底沟发现的龙山文化时期的陶窑，已经出现了火口、火道、火膛、火室等结构。这种窑通风和热量扩散比较好，烧成温度比较高，火候控制也比较容易，因此当时陶器不仅质地致密，而且品种繁多，既有一般的红陶、灰陶，又有制作比较精致的白陶和黑陶。

　　瓷器和陶器虽然有本质上的区别，但是它们的烧制过程是极其相似的。从新石器时代晚期到商代，出现了用瓷土作为原料、经1000℃以上高温烧成的刻纹白陶和压印几何纹饰的硬陶，这就是原始瓷器出现的基础。

随后，商周时期陶瓷生产中高岭土的采用，釉的发明和发展，以及烧成温度的提高促使原始瓷器的出现，标志中国陶瓷生产已经进入了一个新的时代。然而，由于商周时期原始瓷器的加工制造过程还不是很精细，胎和釉的配料还不是很准确，温度控制和火候掌握还不够熟练，所以和后来的瓷器相比，质量比较差，因此叫它"原始瓷器"。

中国古代劳动人民在东汉到六朝时期，已经发明了瓷器，并且比较成熟地掌握了瓷器生产。而且在制釉方面，向前发展的迹象更加明显。

瓷器之所以引人注意，很重要的一个原因就是它的胎体上施有一种或几种不同颜色的釉药。所谓晋有"缥瓷"（青白色瓷），唐有"千峰翠色"，柴周有"雨过天青"，吴越有"秘色"，宋代有粉青、翠青、乌金、玳瑁和杂彩，元代有青花釉里红……这些美名都是对中国历代在制釉方面既有新的发展、又有独特风格的赞扬。

中国早在商周时期就发明了釉药。首先被烧制出来的是青釉，它是中国传统的瓷釉之一。在古代，釉的呈色剂（也叫着色剂）有铁、铜、钴、锰、金、锑以及其他金属元素。关于呈色剂，只就铁的呈色作用来说明，铁的氧化物有两种：一种是氧化亚铁，呈绿色；一种是三氧化二铁，呈红褐色。在瓷釉中，如果氧化亚铁的含量达到8‰，烧出来的瓷器就出现淡绿色，如果含量大于8‰并且不断增加，绿色就由淡变浓。

由于造瓷技术有了飞速的发展，所以到了唐代，越窑美丽的"千峰翠色"瓷，就是因釉中含有适量的氧化亚铁成分而获得的。

在传统的技术经验基础上，通过不断的实践，后世制作青瓷的技术不断提高，产品更加精美。在釉药的发明和发展过程中，中国古代的玻璃制造技术也得到了发展。中国古代的玻璃制造技术同铅釉的发明和发展是密切相关的，历史渊源也是由来已久的。

中国白釉瓷器，萌芽于南北朝时期，比较成功地烧成于隋代。到了唐代，邢窑（在今河北内丘）的白瓷已经发展成为青、白两大瓷系中的主流之一。唐代著名白瓷窑除了邢窑之外，江西景德镇和四川大邑也是名列前茅的。

1958年，在景德镇胜梅亭出土的唐代白碗，据研究，白瓷胎含氧化钙比较多，烧成温度已经达到了1200℃，瓷器的白度也达到了70%以上，接近现代高级细瓷的标准。这一成就的深远意义，在于为后来青花瓷器的发展奠定了基础。

宋代瓷器在胎质、釉料和制作技术上又有新的提高，被称为造瓷技术完全成熟的时期。定窑、汝窑、官窑、龙泉哥窑、钧窑是宋代五大名窑，这五大窑和其他名窑的作品，在釉色和花纹图案装饰等方面，都有独特的风格。例如龙泉哥窑"百圾碎"，龙泉弟窑的"粉青"，定窑的莹白、甜白、牙白和绣花、刻花、印花，官窑的"紫口铁足"，景德镇的月白（影青），建窑的"乌黑兔毫"、"鹧鸪斑"，磁州窑的黑釉刻花以及杂彩等瓷器，均为久负盛名的佳品而驰名中外。其中，现今河南禹县的钧窑以善于烧红、蓝色釉和衍生的紫色瓷器著称，五光十色，打破了以往青、白瓷的单纯色调，异军突起。

元代北方还有色泽别致的铜红釉瓷器，而景德镇工匠又把它发展了，并且制作了一种用钴土矿作颜料釉下彩的青花瓷器。

明代烧瓷技术比前代又有所提高，它的巨大成就首先表现在精致白釉的烧制成功。这种细腻莹彻的白釉釉色透亮明快，纯白如牛乳色。白釉质量的提高，为一道釉瓷和彩瓷的发展提供了优越的条件。明代青花瓷器质地精美，畅销中外。

明代瓷器丰富多彩，就一道釉瓷来说，永乐年间有鲜红、翠青，宣德年间有宝石红，弘治年间有娇黄，正德年间有孔雀丝、回青，嘉靖年间有孔雀蓝。其中鲜红、宝石红等铜红釉成品格外优异。

　　明代瓷器加彩方法的多样化，标志着中国造瓷技术不断发展。如成化年间的斗彩（所谓斗彩，就是在烧成的青花瓷器上加红、黄、绿、紫等彩料，经炉火烧炼而成的），嘉靖、万历年间的五彩（所谓五彩，不一定是五种颜色，而是包括红彩在内的多彩瓷器）都是驰名中外的杰作。

　　清代的瓷器，是在明代取得卓越成就的基础上进一步发展而来的，因此造瓷技术达到了辉煌的境界。据显微结构分析，瓷质已经达到了现代硬瓷的各项标准。

　　中国瓷器享誉国内外。早在唐代，中国的瓷器、茶叶和丝绸大量地经过海上和陆上的"丝绸之路"远销国外，此后历代都有瓷器向国外销售，从来没有间断过。11世纪，中国造瓷技术传到了波斯，后来又传到了阿拉伯、土耳其和埃及。15世纪后半叶，中国造瓷技术又传播到意大利的威尼斯。自此，欧洲的造瓷技术才得到迅速的发展。

独具特色的制曲和酿酒技术

中国酿酒历史至少有四五千年。殷墟出土的商代甲骨文中，有和现代汉字形体相似的字。在殷墟中发现的酿酒作坊遗址，证明早在3000多年前，中国的酿酒行业已经相当发达。

用谷物酿酒，须经过把淀粉分解成葡萄糖（糖化），再把葡萄糖转化成酒精和二氧化碳（酒精发酵）两个主要过程。记叙殷商历史的书籍中，有"若作酒醴，尔惟曲蘖"（《尚书·说命下》）的字句，说明当时酿酒已经用长微生物的谷物（曲）和发芽的谷物（蘖）。但是，在汉代以前，酿酒只用曲。当时，由于制曲的时候利用了某些有利条件，曲中应该大量含有混杂生长着的霉菌和酵母，分别起着糖化和酒精发酵的作用。用这种曲酿酒，可以使酿酒的糖化和酒精发酵两个过程连续而又交叉地进行。今天称这种方法叫复式发酵法。这是中国劳动人民在酿酒工业中的一大发明。

中国出产的风味别致、驰誉世界的黄酒"善酿"和白酒"茅台"，都是复式发酵法不断发展而制成的名酒。古代西方用麦芽酿成啤酒。直到今天，西方各国主要的谷物酒仍然是用麦芽糖化，再加入酵母进行酒精发酵制成的（例如威士忌酒、伏特加酒等）。19世纪末，欧洲人在研究了中国的酒曲后，才知道中国这种独特的方法，把它称为"淀粉发酵法"。

《礼记·月令·仲冬篇》中，提出了六大酿酒要素，大意是：用的谷物必须备齐，曲蘗生产必须及时，浸谷蒸饭必须清洁，用水必须清澈无味，陶器必须精良，温度控制必须得当。在《周礼》卷五《天官冢宰下》中还有"五齐"、"三酒"等酒名的记载。我们可以认为，"五齐"是指酿酒过程中的五个阶段，"三酒"是发酵成的不同类型的几种酒。这充分表明，早在 3000 年前，对曲蘗酿酒的观察已经很周到，对曲中微生物的生长发育规律已经有一定认识，酿酒技术已经相当进步了。

东汉末年，曹操曾经向皇帝上疏提出一种"九酝酒法"，也就是连续投料的方法。这样可以防止由于糖度过高抑制发酵，酿成的酒自然更加醇厚了。直到今天，中国江浙一带的加饭酒，仍然采用这种方法酿造。应当指出，2000 年前总结的这种方法，和今天发酵工业中连续投料或在发酵过程中多次追加原料（流加）的方法，所依据的原理是相同的。

在很早以前，中国就已经有了许多发酵技术方面的创造，如用酸浆调节发酵，加热杀菌以防止酒变质，加蜡或加油消除泡沫等。

在制曲酿酒方面，特别应该提到红曲。这是中国劳动人民的一项重大发明。据史料记载，红曲的出现不会晚于 10 世纪。宋代诗人曾经有过"夜倾闽酒赤如丹"的诗句，可见用红曲酿成的酒，在宋代已经相当普遍了。在长期生产实践中，人们掌握了用明矾处理大米使它维持酸性、分期加水调节通气量和时摊时聚调节温度等特殊手段，使具有耐酸、耐热、耐缺氧特性、兼具糖化和酒精发酵能力的红曲霉能够长透大米粒内外，这充分显示了当时培养微生物技术的高超。红曲是中国特产，既可以酿酒，又是一种无害的食品染料，并且可以作药用。用曲治病，早在春秋时期就有记载，如《左传》载，鲁宣公十二年（前 597 年）申叔展问还（xuán）无社："有麦曲乎？曰无。叔展曰：河鱼腹疾，奈何？"但是专门生产药用曲的记载，首先见于南北朝时期梁代的《春秋纬》一书，书中说道："麦阴也，黍阳也。先浸曲而投黍是阳得阴而沸。后世曲有用药者，所以治疾也。"明代已经把药用曲特称"神曲"。今天，"神曲"仍是民间常备的一种消食、行气、健脾、养胃的药物。

在制曲技术发展的漫长过程中，还分化出专用于酿醋、制酱和腌制食品的各类曲。

酿醋是使酒精进一步氧化成醋酸，在西方是以酒作原料进行发酵而制成醋酸的。《周礼》卷六中有"醯人"的记载，"醯"是当时的醋，说明至少在 2500 年前，中国就知道制醋了。到南北朝后期，已经有用谷物作原料固体发酵酿醋的萌芽，后来就全用谷物直接酿醋了。用谷物固体发酵酿醋，是中国酿醋方法的特点，由于曲中微生物种类多，使醋中除醋酸外，还有乳酸、葡萄糖酸等有机酸，因而醋的风味更好。制酱，是利用曲中微生物产生的蛋白酶，把豆类、肉类等食品中大量含有的蛋白质分解成氨基酸等水解产物。这是中国首创的。据《周礼》卷四记载的"膳夫掌王之食饮膳羞……酱用百有二十瓮"一语，可知酱大致也是在 2500 年前出现的。日本木下浅吉所著《实用酱油酿造法》中说："天平胜宝六年，唐僧鉴真来朝，传来味制法。""味"就是酱。天平胜宝六年是 755 年，鉴真于唐天宝十二年（753 年）东渡日本，可见日本的制酱方法是在那时由中国传去的。随着制曲技术的发展，人们对微生物活动的认识越来越深入，观察也越加仔细。中国古代已经有不少观察微生物活动的记录，有些方法和近代微生物学所采用的方法相接近。因此，曲的质量不断提高，种类增多，用途也日趋专一。

北魏贾思勰著的《齐民要术》一书，是完整地保存下来的一部杰出的古代农业科学著作。在微生物学方面，这部书也有丰富的内容，它记录了中国当时农业和农村手工业中应用微生物知识的许多重要史实，有些还上升为比较系统的规律性认识。在微生物学发展史上，它是一部重要著作。

医　　药

在悠久的历史长河中，中华民族的祖先创造出了一门理论完整、实践丰富的中医中药学科。中医中药已成了中华民族的象征。它与国画、京剧、汉字书法并列为四大民族瑰宝。

中医中药独特的理论基础和神奇的应用功效，至今还使许多知名的西方医药学家称赞不已。

时至今日，西医药已在世界占据统治地位。但中医药科学仍然在人们的日常生活中独树一帜、熠熠生辉，并且在世界上的影响有越来越大的趋势。

中 药

　　中药，即中医用药，为中国传统中医特有药物。有关中药的知识，是我们的祖先在长期的医疗实践中积累起来的，是中国古代优秀文化遗产的重要组成部分。

　　据记载，古代有"神农尝百草"的传说。"神农时代"大约相当于新石器时代。那时候，已经有了原始的农业，人们对各种农作物和天然植物的性能逐步有所了解，对它们的药用性能也开始有所认识。所谓"尝"，指的就是当时用药都是通过人体自身的试验来了解它们的治疗作用的。早在春秋时期的《诗经》中，就已经记载了一些可以作为药的植物，如"芣"（车前）、"蝱"（贝母）、"蕳"（益母草）等。2000多年前的《山海经》更明确地提到120多种药，包括植物、动物、矿物3类，并提到了它们的简单用法和治疗性能，有的还用来预防疾病。如"蓇蓉，食之使人无子"，"箴鱼，食之无疫疾"等。书中记载的某些药物，有的名称比较特殊，还不能明确指出是现代的哪一种药，有待进一步考证，但这也足以说明，当时对药物已有一定的认识了。

　　由于古代的药物主要来自自然界的植物，因而人们把药物学著作称作"本草"。大约到汉代，中国出现了一本专讲药物的书——《神农本草经》，是中国现存最早的药物学专著。书中记载药物365种，分成上、中、下三品。这部书对每一味药的产地、性质、采集和主治的病症，都有详细的记载。对各种药怎样互相配合应用，以及简单的制剂，都作了概述。更可贵的是早在2000年前，我们的祖先通过大量的治疗实践，已经发现了许多特效药物，如麻黄可以治咳喘，大黄可以泻下，常山可以治疟等。这些都已用现代科学分析的方法得到证实。

随着实践的不断深入，药物知识也逐渐丰富起来。又过了三四百年，到了南北朝时期，《神农本草经》的内容已远远不能满足实践的需要。

于是，南朝的博物学家陶弘景把前人积累的经验和知识搜集起来，结合自己的实践经验，进行了另一次总结，整理成《本草经集注》一书，共得药物730种，比《神农本草经》收集的增加了一倍。在书中，他首创按药物的自然属性和治疗属性来分类的新方法。《神农本草经》的三品分类法，仅仅概括地指出有毒、无毒，还过于粗糙，有时也容易造成治疗上的差错。陶弘景首先把700多种药分为草、木、米食、虫兽、玉石、果菜和有名未用等7类，这种分类方法后来成了中国古代药物分类的标准方法，在以后的1000多年间一直被沿用，并加以发展。陶弘景还首创按治疗性能对药物进行分类的方法，例如，祛风的药物有防风、秦艽、防己、独活等，就归在同一类。这种分类方法，便于治疗参考，对医药的发展也起到了促进作用。

唐代是中国封建社会的全盛时期，封建文化高度发展。在这一时期，曾由政府主持编修了一部药物学著作，是一部集体创作。它总结了1000多年来的药物学知识，并在各地征集实物标本，绘制成图，成为一部图文并茂的药物学专著，取名《新修本草》，在唐高宗显庆四年（659年）编修完毕。书中共记载药物844种，分为9类。这种由国家颁定的药物学专著，现在称作药典。世界各国政府都有自己的药典，《新修本草》就是中国古代的第一部药典。据记载，西欧最早的药典是 1494 年意大利佛罗伦萨药典和 1542 年纽伦堡药典，这两部药典都比《新修本草》晚得多。药典的颁行，对于统一药名，订正对药性的认识，促进医药的发展，都有积极的作用。

古代中药学的发展，到明代达到了高峰。明代社会已经孕育着资本主义的萌芽，商业发达，交通方便，内外交流频繁，药物学知识空前丰富，采矿业、农业等知识也有很大的发展，从国外输入和同少数民族边远地区运入的各种药物也不少。这时候对药物学的知识急需进一步总结。这个重任由当时杰出的科学家李时珍完成了。李时珍通过毕生的努力，深入实践，埋头苦干，参考了古代有关著作包括经、史、子等各类古书共 800 多种，并积极向群众学习，终于著成举世闻名的《本草纲目》。这部巨著编成于明神宗万历六年（1578 年），共 52 卷，记载药物 1892 种，收入方剂 1.1 万个，共分成 16 部。书中图文并茂，纠正了前人许多舛误，并且以唯物主义的态度，猛烈抨击了当时方士道家妄图通过服食丹药求得长生不老药的邪说谬论。它以单一的药物为纲，由同一药物派生或演化的附属物为目，对每一种药物的名称、栽培养殖、收采、炮制、药性、应用、方剂等有关内容，旁征博引，考证鉴定。书中对生物的分类法已具有初步的生物进化论思想萌芽，还应用比较解剖的方法对动植物进行分类研究。这部书涉及古代自然科学许多领域，诸如动物、植物、化学、矿物、地质、农学、天文、地理等学科。它对后世的影响很大，已经被全部或部分译成日文、英文、德文、法文、拉丁文、俄文等多种文字，在世界上广泛流传。著名的英国科学家达尔文曾提到"中国古代的百科全书"，并且参考引用了它的内容。有人认为他所称誉的这部巨著主要是指《本草纲目》，而李时珍也是世界公认的杰出的自然科学家。

中药是中国人民用来和疾病作斗争的一种重要武器，是中国古代劳动人民智慧的结晶，是中国所独有的，相信后人定能将中药学推向新的高度。

独具特色的中医

有人说，中医是科技与人文一体的最大的符号，是中国古代的"第五大发明"。

中医一般指中国以汉族劳动人民创造的传统医学为主的医学，所以也称汉医，中国其他传统医学，如藏医、蒙医、苗医等则被称为民族医学。日本的汉方医学，韩国的韩医学，朝鲜的高丽医学，越南的东医学都是以中医为基础发展起来的。

中医产生于原始社会，春秋战国时期中医理论已经基本形成，出现了解剖和医学分科。西汉时期，开始用阴阳五行解释人体的生理现象，出现了"医工"，东汉出现了著名医学家张仲景，他已经对"八纲"有所认识，并总结出"八法"。华佗则以精通外科手术和麻醉名闻天下，还创立了健身操五禽戏。唐代孙思邈总结前人的理论及经验，收集5000多个药方，被人尊称为"药王"。两宋时期设立翰林医学院，出版《图经》。金元以后，中医开始没落，但传承至今。

在西学东渐以后，西医是早期被引进的一门近代科学技术，直到今天，尽管我们已经是按照西方近代以来发展的学科对自然科学进行分类，但唯独医学依然有着中西医之分。于是中医中药被说成是"不科学"的，有人认为中药尽是些草根树皮，治不了大病。这完全是民族虚无主义的谬论。事实上，中国古代医学家正是利用"草根树皮，石头虫鱼"，在中国几千年的历史中，为保护人民的健康作出了不可磨灭的贡献。中国的中药学有着许多独特的内容和特点。

首先，它有一套独特的理论系统。这些理论知识是根据对疾病的认识，对药物的自然属性和在人体内的治病作用等概括出来的。中药有"四气"、"五味"、"升降浮沉"、"归经"的属性。藏医学中更把药物的性能分成"六味"、"八性"和"十七效能"。这些独特的认识是其他任何医疗系统中所没有的。"四气"是"寒热温凉"，"五味"是"辛苦咸酸甘"。寒凉药能治热性病，凡发热的病多用寒凉药；凡是身体虚弱、体温偏低、手足冰凉的病症，多用温热药。"升降浮沉"指的是药物在体内发挥作用的趋向，升浮指向上向外的趋向，反过来就是沉降。如麻黄可发汗，升麻有消除下坠感觉的作用，因而属升浮药。一般说，凡是植物的花、叶部分，多具升浮作用，如辛夷、苏叶等；凡是子实和矿石类物质，多是沉降药（当然有例外，如代赭石、枳实等）。经分析鉴定，古代对药物的这些认识，是通过长期实践概括总结出来的，是合乎科学道理的。黄连、黄芩、板蓝根一类苦寒药，都含有杀菌、抑菌成分，可退热；而古代所说的杀虫药，其中有不少含有杀虫、驱虫成分，如常用的槟榔中含槟榔素，对多种寄生虫，尤其是绦虫，具有麻痹作用，至今仍是比较理想的驱虫剂。"归经"是指药物对哪一种脏器、经络具有亲和力的意思，在临床应用中，常根据哪一脏器、经络患病，选用相应的药物。

其次，人们在治病过程中，积累和总结了对药物加工改造的独特方法，称作炮制（或炮炙）。中药的炮制方法极其丰富，大致分水制、火制和水火共制等几类。水制如用酒泡、醋泡、水漂等，火制如炒、焙、煅等，水火共制如蒸、煮等。炮制是中药治疗过程中不可缺少的一个环节，它的目的是消除毒性，增强药效，改变性能，便于服用、保存和去除杂质。举例说，乌头、附子、半夏这些药，都有比较大的毒性，不经炮制加工，吃了要中毒，而用姜、明矾浸泡加工后，毒性就去除了，药效仍保存下来。又如生地黄是凉性药，可以用来治热性病。如果把地黄多次蒸熟晒干，就变成温性的，可以补血。再加工炮制后，去掉杂质，可以做成便于服用和贮存的小片或其他剂型。所有这些，形成了中国中药独特的炮制学。

最后，中药的复方配伍以及采用药物的不同部位和剂型，也是独具一格的。一般说，中医大多采用复方的形式治病，一张方子，少则三五味，多的可达几十味。这些药物之间，互相配合，互相牵制，常常由于配伍的不同，甚至剂量的变化，而达到不同的治疗作用。早在2000多年前的《黄帝内经》中，就已有简单的复方。汉代张仲景的《伤寒杂病论》中，也记有许多复方，以治疗不同的病症。如桂皮和麻黄合用，用来发汗治外感病；麻黄和杏仁、石膏等合用，又是用来治喘咳壮热的；如麻黄配合白术、生姜，又变成消肿的方剂。再以当归为例，如果用完整的当归，可以补血；如果用的是当归尾梢，却起行血活血作用。同一味药的不同部位和不同配伍，作用也不同，这是通过极其细心的观察和长期的实践取得的知识。

中国古代就已经有了多种特效药物。除上述《神农本草经》中提到的以外，其他如鸦胆子治疗痢疾（阿米巴痢疾），苦楝、雷丸杀虫，海藻治甲状腺肿，动物肝脏（含各种维生素）治疗夜盲等，都具有科学道理。尤其突出的是东汉三国时期的华佗，已经应用酒服麻沸散作为麻醉剂做外科手术。这种麻醉法在世界上具有很大的影响。美国拉瓦尔在《世界药学史》一书中，曾提到华佗精通麻醉术。

青蒿中含有抗疟药"青蒿素"，它的医疗作用比奎宁等常用抗疟药还好。所有这些都表明我们的祖先在临床药物治疗方面有着巨大成就。

古代的炼丹术在客观上也对中药的发展起了积极作用。炼丹制出的产物，后来在外科上得到应用，如红升丹、白降丹等，至今仍是外科常用的药品。

独具特色的中医定会成为不落的太阳，继续发挥着光和热。

针灸疗法

针灸疗法是中国古代劳动人民创造的一种独特的医疗方法，是中国古代医学的重要组成部分。它的神奇之处在于治病不靠吃药，只是在病人身体的一定部位用针刺入，或用火的温热刺激身体局部，以达到治病的目的。前一种称作针法，后一种称作灸法，统称针灸疗法。

针法的前身是砭石疗法。砭石是新石器时代应用的一种石制医疗工具。灸法也是在新石器时代用于治疗疾病的。周代以后，中国开始出现了金属的针灸用针。河北满城西汉墓中曾经出土针灸用的金针。

几千年来，针灸疗法始终是中国医学中的一项重要医疗手段。针灸疗法具有很多优点：第一，有广泛的适应证，可用于内、外、妇、儿、五官等科多种疾病的治疗和预防；第二，治疗疾病的效果比较迅速和显著，特别是具有良好的兴奋身体机能的功效，提高抗病能力和镇静、镇痛等作用；第三，操作方法简便易行；第四，医疗费用经济；第五，没有或有极小副作用，基本安全可靠，又可以协同其他疗法进行综合治疗。这些也都是它始终受到人民群众欢迎的原因。

早在 2000 多年前，中国医学家已把针灸的临床经验进行了系统总结。如 1973 年在湖南长沙马王堆汉墓中，发现了多种周代编写的医书，其中在《足臂十一脉灸经》和《阴阳十一脉灸经》两书中，除了记有在经脉循行路线上的各种疼痛、痉挛、麻木、肿胀等身体局部症状，以及眼、耳、口、鼻等器官症状外，还有一些全身症状如烦心、嗜卧、恶寒等，都是用针灸法治疗的。

此后在战国时期的医书《黄帝内经》中，已经多方面记述了针灸的适应证，并且进一步论述了各种脏腑疾病、热病、疟疾、痈疽等病的针灸治疗，更加扩大了针灸适应证的范围。《黄帝内经》还对针灸治疗所使用的一些手法，如针灸的补泻手法，身体左右交叉刺法（称"巨刺"和"缪刺"），以及其他名称的手法，作了详细介绍。

当时已有不少精通针灸的医生，例如《史记》记载的扁鹊就是其中之一。相传扁鹊在各地行医时来到虢国（今陕西宝鸡一带），听说虢国的太子因病刚刚死去。扁鹊和他的学生赶到宫门，询问了太子的病情，知道太子死亡的时间还不长，他根据医疗经验主动提出可以救活太子。虢君听说，急忙请他医治。经过扁鹊的精心望色、问症、切脉等诊察，确定太子是"尸厥"（类似休克），并非真正死亡。扁鹊应用针灸等医疗方法进行抢救，结果很快使太子苏醒过来，恢复了健康。这件事一直为当时的人民所传颂，说他能起死回生。

这说明早在春秋战国时期，针灸疗法不仅已经普及，而且在医疗质量上也已经有了很大的提高。

秦汉时期，中国先后出现了两部比较系统的针灸学专著，就是秦汉之际的《黄帝明堂经》和三国时期的《针灸甲乙经》。这些著作进一步总结了针灸治疗的经验，特别是对于每种疾病的针灸取穴，以及每一腧穴的主治病症范围，都作了归纳整理，对后世针灸学的发展有很大影响。此外，这时还出现了一些绘有针灸腧穴图的著作。

到南北朝和隋唐时期，针灸学著作不仅数量上有了很大增加，而且内容也更加丰富多彩。此外还有不少彩绘针灸挂图、针灸图谱、灸疗专著和兽医针灸著作等。例如唐代著名的医学家孙思邈、王焘等人的医学著作中，都专门详细地记述了针灸疗法。孙思邈还绘制了3幅大型彩色针灸挂图，分别把人体正面、背面和侧面的十二经脉用五色绘出，把奇经八脉用绿色绘出。王焘又分绘成12幅大型彩色挂图，也用不同的颜色绘出十二经脉和奇经八脉。当时的针灸疗法和其他医学科目一样，都被正式列入了国家的医学教育课程，明确规定将《黄帝内经》、《黄帝明堂经》等作为教材。太医署里还专门设立了针博士、针助教、针师、针工和针生等职衔。这些都说明当时针灸学已发展到相当高的水平。

唐代以后到近代，中国医学家又陆续编写了大量的针灸学著作。著名的有北宋医官王惟一主持编修的《铜人腧穴针灸图经》，明代杨继洲的《针灸大成》等，都是有一定学术价值和流传很广的书。为了使针灸图的形象更加真实化和富有立体感，王惟一在宋仁宗天圣五年（1027 年）编写《铜人腧穴针灸图经》的同时，还在医官院主持监制了最早的两个刻有经脉腧穴的铜质人体模型，叫做针灸铜人。这种铜人除了供教授和学习辨认腧穴外，还可作考试用。据说，在针灸课程测验的时候，先把铜人外面遍身涂蜡，铜人体内盛满了水银，然后给铜人穿上衣服，让医生试针。如果能准确地刺入孔穴，就可以使水银射出。如果取穴位置错误，针就不能刺入。可见针灸铜人是一种造型逼真、构造精巧的教学工具。此后中国还陆续制造了很多针灸铜人，其中有明、清太医院制造的，有民间医生制造的，也有药铺制造的。它们都在促进针灸的教学方面起了一定作用。

中国历代医学家还对针灸疗法的工具和技术方面作了不少改进，创造了多种多样的针刺方法（如火针、温针、梅花针等），发展了灸疗方法（如一些药饼灸法等）和艾卷（如"雷火针"、"太乙针"等），不断丰富了针灸疗法的内容。

针灸疗法之所以能卓有成效地治疗多种疾病，除了针法的器械性刺激和灸法的温热性刺激等因素可以直接调整人体机能、增强防病能力外，还同针灸的刺激部位和针灸所引起的机体传导作用有关。这就是中医学特有的经络学说，也是中国古代医学的一项重要成就。

独特诊法之脉诊

在古代，医生诊病主要靠眼望、口问、耳听、鼻闻、手摸等方法。古代世界上许多国家几乎都是这样，而且各国都有属于自己的丰富经验。中国古代医学在诊断疾病方面采用的脉诊，是一项独特诊法。脉诊又叫切脉，是中医"四诊"（望、闻、问、切）之一。

脉诊在中国有悠久的历史，它是中国古代医学家长期医疗实践的经验总结。《史记》中记载的春秋战国时期的名医扁鹊，便是以精于望、闻、问、切的方法特别是以脉诊闻名于世的。

《史记》的作者司马迁甚至说："至今天下言脉者，由扁鹊也。"他把中国古代脉诊的发明完全归功于扁鹊，这并不确切。据历史资料记载，中国脉诊的起源很早，例如，传说中的上古医生僦贷季、鬼臾区等已经讨论了脉诊。到春秋战国时期，脉诊已经达到相当水平。当时出现的重要医学著作《黄帝内经》和稍晚的《难经》中，已经对脉诊有许多详细论述。1973 年湖南长沙马王堆三号汉墓出土的医药文献帛书——《脉法》、《阴阳脉症候》，也是记有用脉诊判断疾病的宝贵材料。这些都说明早在 2000 多年前，脉学已成为中国古代医学的重要组成部分了。到了汉代，脉诊就更加普遍了。

《史记》记载的另一位名医淳于意就曾跟从他的老师公乘阳庆学习脉诊法达 3 年之久，并且接受了公乘阳庆传给他的《扁鹊脉书》。从

《史记》记载的淳于意看病的"诊籍"（病案）中可以看出，他当时看病必先诊脉。在东汉名医张仲景的《伤寒杂病论》中，可以看出脉诊已经广泛用于临床，并且有了进一步的发展和提高。到了晋代，名医王叔和综合前代有关脉学的知识和经验，写成了《脉经》一书，成为中国现存最早的脉学专著。书中把脉分为 24 种，对每种脉象作了说明，并且叙述了各种切脉方法和多种杂病的脉症，脉诊和病症进一步结合起来，使脉学成为更加实际的学问。此后，中国古代脉学著述不断增多。许多名医都精通脉学，例如，明代的李时珍对脉学也有深入的研究，著有《濒湖脉学》等书。据不完全统计，清代以前脉学著述已不下 100 种。其中虽有重复，但是仍不同程度地反映了中国古代脉学的发展程度。

中国古代医学家很注意脉诊在临床上的意义，认为通过切脉可以了解病的属性是寒还是热，身体正气是盛还是衰，以及测知病因、病位和判断预后。中医认为经络是人体气血运行的通路，它内通脏腑，外连四肢肌肤骨节，把全身视为一个有机整体。脉是整体的一部分，所以从脉象的变化可以察知内在的变化。所谓"有诸内，必形诸外"，就是说，人体内部的变化会在外部表现出来。脉搏是循环机能的综合表现。脉象因循环系统的情况改变而不同。心脏主动脉活瓣是否健全，心跳是否合乎节律，以及动脉的弹性怎样，都可以通过脉搏诊出。不仅如此，由于循环系统和身体各内脏之间都有密切关系，组织代谢的任何变化都会给血液循环以一定影响，而机体的重要疾病变化都会在不同程度上影响循环系统的功能。所以，脉象不单单反映循环系统的变化，还反映其他内脏和系统的变化。例如，许多疾病都和血液成分的改变有关，发烧、发炎时，血液中的白细胞数相应增加；肝癌、糖尿病等疾患，其血液成分都会起变化，从而导致血流速度等方面的改变，并使脉象发生变化。尤其神经系统和循环系统关系更加密切。例如，血管壁受交感神经和副交感神经的控制，当有些疾病引起这两种神经的变化时，血管就会受影响，从而引起脉象的改变。

所谓脉象，就是医生用手指感觉出来的脉搏形象，它包括动脉搏显现部位的深浅、速率的快慢、强度的大小、节律的均匀与否等。正常的脉是不浮不沉、不快不慢、和缓有力、节律均匀的，称作"平脉"（正常脉象）。有病时的脉象叫做病脉。不同的病症常出现不同的脉象。中国古代医学家对于脉象的研究是很细致的。《黄帝内经》已经记有 10 多种脉象，《脉经》总结了 24 种，以后的脉书记述达 30 多种或更多。特别值得一提的是宋代施发的《察病指南》一书，载有 33 幅脉象图，很是生动有趣。近代用科学仪器描绘脉象，是法国生理学家马雷在 1860 年发明脉搏描记器以后才实现的。中国古代医学家能在几百年前凭手指感觉和想象，绘出那么多脉象，是世界脉学史上罕见的。古代文献所记的常出现的脉象有 20 多种，如浮、沉、迟、数、滑、涩、虚、实、濡、芤、缓、弱、结、代、促、紧、弦、洪、细、微等。

然而，脉诊毕竟不能代替一切诊断手段。《黄帝内经》、《伤寒论》也早已指出，切脉必须配合全面观察，主张"四诊"合参，进行辨证论治，反对只靠脉诊一项来断定疾病。

据历史文献记载，中国古代脉学很早就已经传到国外。隋唐时期，《黄帝内经》、《脉经》等书已经传到附近国家如日本等，以后又传到阿拉伯。据研究，古代阿拉伯名医阿维森纳的巨著《医典》中的脉学，明显受中国脉学影响。14 世纪，中国脉学传到波斯，当时波斯的一部载有中国医药的百科全书中，就记载了脉学，并且特别引述了《脉经》和它的作者王叔和的名字。17 世纪来中国的耶稣会传教士波兰人卜弥曾经把《脉经》译成拉丁文，于 1666 年出版，并附有铜版，描述中国脉法。特别值得指出的是英国著名医学家芙罗伊尔受中国《脉经》的影响而研究脉学，并且发明一种给医生用的记录脉搏次数的表。他还写了一本叫做《医生诊脉的表》，于 1707 年在伦敦出版。他的著述和发明被西方认为具有重要历史意义。17 世纪以后，西方译述中国古代脉学著作达 10 多种。

领先世界的外科学成就

中国外科学具有悠久的历史。《周礼》记载的医学分科中，已有相当于外科医生的"疡医"，负责治疗肿疡、溃疡、金疡、折疡一类的外科疾病。成书于春秋战国时期的理论专著《黄帝内经》，对外科病的诊治已有不少宝贵论述。秦汉以后，外科名医辈出，先进的科学技术、专门的论著、杰出的手术病例不断出现，有些在世界上曾居于领先地位。

腹腔手术和麻醉术

东汉三国时期，中国古代著名医学家华佗，以外科手术著称于世。《后汉书》等文献记有他如何进行腹腔外科手术的描述：当疾病郁结在人体内部，用针灸和服药的办法不能治愈时，让病人先用酒冲服麻沸散，等到病人犹如酒醉而失去痛觉时，就可动手术，切开腹腔或背部，把积聚（类似肿瘤）切除。如果病在肠胃，那就要把肠胃切开，去除积聚和疾秽的东西，并将肠胃清洗干净，然后把切断的肠胃缝合，在缝合处敷上药膏，四五天创口就会愈合，一个月可以恢复正常。

由此可见，华佗曾经成功地做过腹腔肿瘤切除术。而这样的手术即使在今天，仍然算是比较大的手术。

华佗在 1700 年前之所以能成功地进行这样成效卓著的腹腔外科手术，是和他已经掌握了麻醉术分不开的。

华佗的麻醉术，继承了先秦用酒作为止痛药的经验和应用"毒酒"进行麻醉的传统，创造性地用酒冲服麻沸散。酒本身就是一种常用的麻醉剂，即使在现代，外科医生还有用酒进行麻醉的。可惜麻沸散的药物组成早已失传。据研究，它可能和宋代窦材、元代危亦林、明代李时珍所记载的睡圣散、草乌散、蒙汗药相类似。

窦材的《扁鹊心书》记有用睡圣散作为灸治前的麻醉剂，它的主要药物是山茄花（曼陀罗花）。危亦林的正骨手术麻药草乌散，是以洋金花（曼陀罗花）为主配成的。日本外科学家华冈青州于 1805 年用曼陀罗花为主的药物作为手术麻醉剂，被誉为世界外科学麻醉史上的首创，实际上比中国晚几百年。

而华佗做过的外科手术和使用的麻醉术，绝非是仅有的独例。秦汉以后，不论隋唐还是宋元，不少医药文献以及史书小说，都有过这方面的生动记载。例如，明代的王肯堂和外科医学家陈实，还曾成功地做了难度很大的落耳再植和断喉（因外伤或自杀切断气管）吻合术等。

骨折和脱臼的整复手法

骨折等疾患，古代叫"折疡"，它是周代医事制度中"疡医"分管医治的疾病。中国现存最早的治疗骨折和脱臼的专书是《仙授理伤续断秘方》，成书于唐武宗会昌元年（841 年），内容十分丰富。其中对人体各部位的骨折和各关节脱臼的整复手法、治疗技术等，提出了十大步骤或称十大原则，诸如清洁伤部的"煎洗"，检查诊断的"相度损处"等。

元代的名医危亦林在治疗最棘手的脊柱骨折方面，达到了很高的水平。他强调的脊柱骨折整复原则和手法，以及运用大桑树皮固定的要求等，同现代的整复方法和石膏背心固定相比，毫不逊色，基本原理完全一致。

关于关节脱臼的整复，唐代著名医学家孙思邈首先描述的下颌骨（下巴）脱臼的整复术，它的步骤和要领完全符合现代解剖学、生理学的要求，一直沿用到现在。明代外科医学家陈实功，对下颌骨脱臼的发生和治疗整复作了更全面的论述。到了清代，中国医学家便绘制了精致的整复图。其他如整复肩关节脱臼、髋关节脱臼等，也都达到了相当高的水平。

乾隆七年（1742 年）官修医书《医宗金鉴》中的《正骨心法要旨》，是中国古代正骨术的全面总结。清代中期，中国骨科学家罗天鹏设计创造了一种叫做"幌床"的设备，对治疗四肢拘挛病，加强严重骨折病人长期卧床的护理，防止并发症的发生，都有很好的效果。它和现代所应用的幌床原理相同。

唇裂修补术

唇裂，中国古代医学家因它形似兔唇，所以叫它"兔缺"，也有叫做"缺唇"的，我们习惯叫做"兔唇"。虽然这种病严重的可影响吮乳和饮食，但一般没有痛苦，只是给美观造成很大的缺陷，病人多为此而烦恼。

对于这种先天性疾病，针灸、外治和药物治疗都是无能为力的，只有外科手术的进步，才使它有了治愈的可能。

早在 1500 年前，中国医学家已经创造性地掌握了唇裂修补术，并且已经达到相当高的水平。如《晋书·魏咏之传》记载："咏之生而兔缺，年十八，闻荆州刺史殷仲堪帐下有名医能疗之，乃西上投仲堪。仲堪召医视之，医曰：'可割而补之，但须百日进粥，不得笑语。'咏之曰：'半生不语而有半生，亦当疗之，况百日耶！'遂闭口不语，惟食薄粥，而卒获痊。"这说明魏咏之的兔唇经这位佚名名医用唇裂修补术治愈了。

唇裂修补术在中国得到了发展。唐代一位名叫方干的人，也因唇裂而进行过修补术，所以当时人们称他"补唇先生"。《唐诗纪事》卷六十三，记述了为方干进行修补术的医学家曾为 10 多人做过唇裂修补术，都获得良好的效果。清康熙二十五年（1686 年），著名外科医生顾世澄在他的著作中，对唇裂修补术作了进一步的发挥，并比较系统地介绍了手术步骤和方法，使它更加接近现在的水平。他记载："整修缺唇，先将麻药涂缺唇上，后以一锋刀刺唇缺处皮，即以绣花针穿丝，钉住两边缺皮，然后擦上血调之药，三五日内不可哭泣及大笑，又怕冒风打嚏，每日只吃稀粥，肌生肉满，去其丝即合成一唇矣。"这是中国医学著作中最早系统叙述这种手术的。中国整形外科中唇裂修补术的历史在世界上是最早的。

别具一格的藏族医学

藏族医学是中国青藏高原地区以藏族为主的少数民族在长期的医疗实践中创造发展起来的传统医学，简称藏医。它是中国传统医学的重要组成部分，同时也是藏族文化的重要组成部分。

远在唐代，中国医学宝库里的中医药学（一般习惯上所说的中医学指的是汉族医学），随着文成公主、金成公主的入藏而传入西藏，对藏族医学的形成和发展产生过比较大的影响。此后，藏汉民族关系不断密切，医学交流也频繁起来。藏医学为中国医学宝库增添了宝贵的内容。

可贵的解剖学成就

早在 8 世纪，藏医学关于骨骼、肌肉、内脏等的解剖位置，就已经掌握的比较准确了。

藏医学当时对神经系统中神经的分布和它的功能，已经有了比较深入的认识。在循环系统方面，藏医学详细地描述了身体上的脉管，指出脉是流通气血的管道，和五脏六腑相连，更指出脉可分成跳动的脉（动脉）和不跳动的脉（静脉）。藏医学还很形象地叙述了人体胚胎的发育过程。早在 1200 多年前，藏医学就精确地指出人胚需要经过 38 周的发育过程才达到成熟。更可贵的是它还正确地指出，这个发展过程需要经历鱼期、龟期和猪期 3 个不同阶段，形象地表达了人体在胚胎时期重演了鱼类、爬行类和哺乳类这 3 个不同进化阶段的历史。这在生物进化史上是相当宝贵的资料。

藏医的诊断方法和汉族医学有很多相似的地方，但藏医学的治疗技术也具有自己的特色。早在 8 世纪以前，藏医就已经采用穴位放血、穿刺术治疗腹水的技术，还有灌肠、冷热敷、针拨白内障、导尿、熏蒸治疗、药水浴身、涂油疗法等丰富多彩的治疗技术。

病因病理的发现

正如其他国家或民族的古代文化一样，由于时代的局限，藏医对于疾病原因的认识不免掺杂少量迷信的成分。尽管这样，藏医学对许多疾病病因的认识都是合乎科学道理的。

8 世纪的藏医古典医籍《四部医典》（藏名《据悉》）就指出相当于现代的炭疽病的一种疾病是传染病，并指出有内脏型和皮肤型等不同类型，认为炭疽病的起因是吃了患病动物的肉所致。这在藏族聚居的地区是常见的一种炭疽病类型。由于藏族有吃生牛羊肉的习惯，容易发生内脏型炭疽。藏医学还指出炭疽病除发热外，皮肤上有小疹、黑泡等皮肤病变。就婴幼儿和儿童的先天性疾病的病因来说，现代医学也还没有很准确的认识。但藏医学在 1000 多年前就认为，儿童的先天性疾病是由于胎儿在母体里发育的时候，母体受到疾病的侵袭或是饮食不当所致。这和现代医学的一些观点是相符合的。

藏医学很重视饮水卫生对人体健康的影响。在西藏地区这样的特定条件下，雨水的水质被认为是最好的，其次是雪水，而森林中流出的水水质最差，因为含有咸味、杂质和小虫。在地处高原地区的西藏，这种用水卫生的观点是合乎卫生要求的。

藏药学的特点

中国医学中的药物学，讲的都是利用当地易得的动物、植物、矿物药的知识。西藏地区由于特殊的地理和气候条件，藏族人民所采用的药物就和其他民族（如汉族）所用的药物有所不同。早在藏族开始生活在祖国西南的世界屋脊上的时候，由于他们过着游牧生活，对动物药的性能了解得比较多。在藏族社会的史前时期，他们就已经学会用熔化的酥油止血和局部敷用青稞酒渣以治疗外伤。随着生产力的不断发展，药物知识也越来越丰富，《四部医典》中就载有药物近1000种。从这部书的药物学部分可以看出，不少药物和汉药相同。这些药物有一部分是中国内地出产的。藏药也被区分为寒性、热性两大类，并且也是采用对抗疗法：用温热药治疗寒性疾病，寒凉药治疗热性疾病。藏医对药物的性能有相当深入的研究，认为药物可以有六味、八性、十七种效能。六味是咸、酸、甘、辛、苦、涩，八性是轻、重、寒、热、钝、锐、润、糙，十七种效能是轻、重、寒、热、稳、动、润、燥、温、凉、钝、锐、稀、干、柔、软、糙。这说明藏医对药物的认识除吸取了汉族医学和邻近地区或国家的医药精华以外，还结合本民族本地区的特点对药物进行了深入的研究。

重要的医学文献

《四部医典》是在 8 世纪左右主要由藏族著名医学家宇陀·元丹贡布编成的。它已经成为古代藏医的经典著作，奠定了藏医学的基础。

《月王药诊》是现存关于藏医学最早的古代著作。这部书的主要内容涉及脏腑、诊断、病因病理、治则、药物和预防等医学基本理论，现存版本全书共 113 章，也是《四部医典》等藏医古典著作的重要基础。

藏医药学是中国医学宝库中的一颗瑰宝。过去，藏医学掌握在三大领主手中，广大劳动人民无医无药。统治阶级在拉萨药王山建立的医药中心，一般劳动人民根本无权上门看病。新中国成立后，人民政府把它改造成自治区藏医院，使藏医学回到人民手中。现在，藏医学得到继承和发扬，正在为中（藏）西医结合、创造中国统一的新医药学而贡献自己的力量。

中国现存最早的医学著作
——《黄帝内经》

　　《黄帝内经》是中国现存最早、内容比较完整的一部医学理论和临床实践相结合的古典医学著作，成书约在战国时期。这部著作并非出自一时一人的手笔，而是在长时期内由许多人参与编写而成。原书18卷，包括《素问》和《针经》（唐代以后的传本把《针经》改称《灵枢经》）各9卷，后人补辑编次为《素问》24卷81篇，《灵枢经》12卷81篇。《黄帝内经》在朴素的唯物主义观点指导下，以论述中医基础理论为重点，兼述卫生保健、临床病症、方药、针灸等多方面内容，为中国医学的学术理论体系奠定了基础。

　　阴阳学说，作为中国古代自发的唯物观和朴素的辩证法思想，在《黄帝内经》中贯穿于学术体系的各个方面，用以说明人体组织结构、生理、病理、疾病的发生发展规律，并指导临床诊断和治疗。阴阳学说从事物正反两个方面的矛盾对立、相互依存、相互消长、相互转化来认识和观察事物的变化发展，认为人体阴阳的相对平衡和协调（所谓"阴平阳秘"）是维持正常生理活动必备的条件。也就是说，如果打破人体阴阳这种相对的平衡和协调，就会产生疾病。拿发热这个症状来说，阳盛可以引起，阴虚也可以引起，病因、病理各不相同。如何区别？又须结合患者发热的特点和其他临床表现进行整体分析。这种整体观念在后世医学中又有所丰富和发展，是中医诊疗和分析病症的主要思想之一。

脏腑、经络学说，是中医独特的理论体系中用以说明生理、病理的重要理论。《黄帝内经》中关于脏腑、经络的论述，已经比较系统和全面。《黄帝内经》介绍脏腑功能，有一段不平凡的记载。《素问·经脉别论》提到饮食经过消化系统的吸收，其中水谷精微之气，散之于肝；精气的浓浊部分，上至于心，由心脏输送精气滋养血脉，血脉中的水谷精气，汇流于肺，所谓"肺朝百脉"；由肺（通过心）再把精气转输到全身，包括体表皮毛和体内脏腑等组织。这是对人体体循环和肺循环概况大致正确的论述。《素问》还提出"心主身之血脉"（《痿论》）和"经脉流行不止，环周不休"（《举痛论》）的理论，体现了心脏和血脉的关系以及血液循环概念。

解剖方面，《灵枢经·经水篇》指出："若夫八尺之士，皮肉在此，外可度量切循而得之，其死可解剖而视之，其脏之坚脆，府之大小，谷之多少，脉之长短，血之清浊……皆有大数。"这说明在《黄帝内经》时代已经出现病理解剖的萌芽，并且可从中看出，当时已经比较重视解剖中的客观数据。在《灵枢·肠胃篇》中，采取分段累计的方法，度量了从咽以下到直肠的整个消化道的长度，数据和近代解剖学统计基本一致。

诊断方面，早在战国初期，扁鹊已开始运用切脉结合望诊诊断疾病。到了《黄帝内经》时代，又予以归纳总结，并有所补充和发展。《黄帝内经》谈切脉，除目前仍然沿用的两手腕部的桡动脉外，还记载了头面部的颞颥动脉和下肢的胫前动脉，作为人体体表 3 个切脉的部位。至于望诊，经验更加丰富，内容逐步趋于完善。书中特别强调在诊病中切脉和望诊的互相结合运用，以防止诊断中的片面性。

关于临床病症，《黄帝内经》叙述了 44 类共 311 种病候，包括各科多种常见病症，如：伤寒，温病，暑病，疟疾，咳嗽，气喘，泄泻，痢疾，霍乱，寄生虫病，肾炎，黄疸型肝炎，肝硬化腹水，糖尿病，流行性腮腺炎，多种胃肠病症，衄血、呕血、便血、尿血等出血性病症，贫血，心绞痛，脑血管疾病，风湿性关节炎，神经衰弱，精神病，癫痫，麻风，疔毒，痔疮，血栓闭塞性脉管炎，颈淋巴结核，食管肿瘤，疝气，以及一些妇科、五官科、口齿病症等。书中对一些病症的病因、症候、治法等有不少生动的描述和卓越的见解。如噎膈（包括食管肿瘤），有"饮食不下"、"食饮入而还出"这些主要症候特征的描述。关于疟疾，除有典型的症候描述外，还能明确区分单日疟、间日疟、三日疟等不同类型。脑血管疾病在半身不遂的情况下，书中提出如患者"言不变，志不乱"，那就预后比较好；神志昏乱严重，不能说话的，预后不良。观察黄疸除皮肤、结膜和小便外，还特别注意到齿垢和指甲发黄（见《灵枢经·论疾诊尺》）。诊察水肿病也十分细致，指出轻微的水肿先见于下眼泡（见《素问·评热病论》："微肿先见于目下。"），加重则上眼泡可肿如卧蚕，并可以用手指压迫肿处，观察能否回复以决定水肿的性质。当时对于多种原因所致的气喘，在辨别属虚症还是实症方面，已能抓住主要的病理和临床特征。对颈淋巴结核（书中称作"瘰疬"、"鼠瘘"），认为"鼠瘘之本，皆在于脏，其末上出于颈腋之间"（《灵枢经·寒热篇》），正确地指出了它和内脏结核的关系。《黄帝内经》对于病症的论析，为后世深入研究提供了富有价值的临床参考资料。

治疗方面，《黄帝内经》强调"治未病"，就是以防病为主的医疗思想。所谓"治未病"，一是指得病前先采取预防措施。《素问·四气调神大论》用带有启发性的比喻阐明了这个问题，指出如果一个人的病症已成，再吃药治疗，就好像是口渴了才想起打口井。那不是晚了吗？（"故圣人不治已病治未病……夫病已成而后药之……譬犹渴而穿井……不亦晚乎？"）一是指得病后防止疾病的转变，认为作为一个有经验的医生，应该在疾病的早期就给予有效的治疗。所谓"上工救其萌芽"（《素问·八正神明论》），就是这个意思。特别值得提出的是，《黄帝内经》在治疗学上明确表现了反对迷信的思想：所谓"拘于鬼神者，不可与言至德"（《素问·五脏别论》），就是说凡是笃信鬼神的人，医药治病的道理，他们是听不进去的，不用跟他们去打交道。至于怎样治病？书中精辟地分析了"治病必求于本"（《素问·阴阳别论》）的道理，以及临床上怎样掌握治本、治标的问题。关于具体的治疗方法，《黄帝内经》运用了内服（包括药物和饮食治疗）、外治、针灸、按摩、导引等多种治法。其中值得一提的是，当时已有腹腔穿刺术治疗腹水病症的详细记录。方法是用铍针刺入脐下三寸的关元穴部位，再用筒针套入引水外流。腹水流到一定程度，把针拔出，紧束腹部以避免手术后因腹腔压力骤变引起心腹烦闷等症状。这种手术操作方法和术后处理，反映了中国古代医学家的聪明才智和医学水平。此外，《灵枢经·痈疽篇》记载，当脱痈（相当于血栓闭塞性脉管炎）的病情不能控制时，采用手术截除的应急方法，以防止它向肢体上端蔓延发展。

由此可见，《黄帝内经》一书不仅具备辩证的、科学的防治观点，而且已经积累了相当丰富的实际治疗经验，促进了后世医学的发展。

众方之祖
——《伤寒杂病论》

　　《伤寒杂病论》是东汉张仲景编写的，成书于战国后期。后人把此书分别整理成《伤寒论》和《金匮要略方论》（简称《金匮要略》）二书。《伤寒杂病论》比较系统地总结了汉代以前对伤寒（急性热病）和杂病（以内科病症为主，也有一些其他科的病症）在诊断和治疗方面的丰富经验。作者张仲景在他的整个医疗活动中，提倡"精究方术"，反对用巫术治病。他主张要认真学习和总结前人的理论经验，广泛搜集古今治病的有效方药（包括他个人在临床实践中创用的验方），也就是他"自序"中所申明的"勤求古训，博采众方"。正因为作者有严谨的治学态度，重视继承前人的医学成就，比较全面地总结人民群众的疾病防治经验，并且通过他自己反复实践验证，予以归纳和总结，使此书成为在临床医学中具有广泛影响的重要著作。

　　中国传统的临床医学都一致推崇《伤寒杂病论》，应该说这部经典名著，奠定了各科临床坚实的基础。清初，中医名家张志聪在《伤寒论集注》中则将《黄帝内经》、《本经》（指《神农本草经》）、《伤寒论》、《金匮要略》四部医学典籍比喻为儒家的"四书"。由于张仲景著述突出诊疗、方治，宋代研究伤寒学说的名家严器之称张仲景所著之书为"众方之祖"，金代成无己《伤寒明理论》评述张仲景的著作"最为众方之祖"。金代李东垣《内外伤辨惑论》则誉之为"群方之祖"。清初喻昌《尚论篇》对仲景方也明确认为是"众方之宗，群方之祖"。清代汪琥《伤寒论后条辨》又誉之为"方书之祖"。清代著名伤寒名家柯琴（《伤寒来苏集》作者）郑重指出，学医者不读仲景书，则"不可以为医"。由此可见《伤寒杂病论》的特殊重要性。

3 世纪初，张仲景博览群书，广采众方，凝聚毕生心血，写就《伤寒杂病论》一书。中医所说的伤寒实际上是一切外感病的总称，它包括瘟疫这种传染病。在纸张尚未大量使用、印刷术还没有发明的年代，这本书很可能写在竹简上。

219 年，张仲景去世。失去了作者的庇护，《伤寒杂病论》开始了它在世间的旅行。在那个年代，书籍的传播只能靠一份份手抄，流传开来十分艰难。

到了晋朝，《伤寒杂病论》命运中的第一个关键人物出现了。这位名叫王叔和的太医令在偶然的机会中见到了这本书。书已是断简残章，王叔和读着这本断断续续的奇书，兴奋难耐。利用太医令的身份，他全力搜集《伤寒杂病论》的各种抄本，并最终找全了关于伤寒的部分，并加以整理，命名为《伤寒论》。《伤寒论》著论 22 篇，记述了 397 条治法，载方 113 个，总计 5 万余字，但《伤寒杂病论》中杂病部分没了踪迹。王叔和的功劳，用清代名医徐大椿的话说，就是"苟无叔和，焉有此书"。

王叔和与张仲景的渊源颇深，不但为他整理了医书，还为我们留下了最早的关于张仲景的文字记载。王叔和在《脉经》序里说："夫医药为用，性命所系。和鹊之妙，犹或加思；仲景明审，亦候形证，一毫有疑，则考校以求验。"

之后，该书逐渐在民间流传，并受到医学家推崇。南北朝名医陶弘景曾说："惟张仲景一部，最为众方之祖。"可以想象，这部奠基性、高水平的著作让人们认识了它的著作者，并把著作者推向医圣的崇高地位。

张仲景去世 800 年后的宋代，是《伤寒杂病论》焕发青春的一个朝代。宋仁宗时，一个名叫王洙的翰林学士在翰林院的书库里发现了一本"蠹简"（被虫蛀了的竹简），书名《金匮玉函要略方论》。这本书一部分内容与《伤寒论》相似，另一部分是论述杂病的。后来，名医林亿、孙奇等人奉朝廷之命校订《伤寒论》时，将其与《金匮玉函要略方论》对照，知为张仲景所著，乃更名为《金匮要略》刊行于世，《金匮要略》共计 25 篇，载方 262 个。至此，《伤寒杂病论》命运中的几个关键人物全部出场了。

《伤寒论》和《金匮要略》在宋代都得到了校订和发行，我们今天看到的就是宋代校订本。除重复的药方外，两本书共载药方 269 个，使用药物 214 味，基本概括了临床各科的常用方剂。这两本书与《黄帝内经》、《神农本草经》并称为"中医四大经典"（另有一种说法，中医四大经典为《黄帝内经》、《难经》、《伤寒杂病论》、《神农本草经》）。四部经典中张仲景一人就占了两部。

《伤寒杂病论》是后世医者必修的经典著作，历代医学家对之推崇备至，赞誉有加，至今仍是中国中医院校开设的主要基础课程之一，仍是中医学习的源泉。

在这部著作中，张仲景创造了 3 个世界第一：首次记载了人工呼吸、药物灌肠和胆道蛔虫治疗方法。

《伤寒杂病论》成书近 2000 年的时间里，一直拥有很强的生命力，它被公认为是中国医学方书的鼻祖，并被学术界誉为讲究辨证论治疗而又自成一家的最有影响的临床经典著作。书中所列药方，大都配伍精确，有不少已经被现代科学证实，后世医学家按法施用，每次都能取得很好的疗效。历史上曾有四五百位学者对其理论方药进行探索，留下了近千种专著、专论，从而形成了中医学术史上甚为辉煌独特的伤寒学派。据统计，截至 2002 年，仅是为研究《伤寒杂病论》而出版的书就近 2000 种。

《伤寒杂病论》不仅成为中国历代医学家必读之书，而且还广泛流传到海外，如日本、朝鲜、越南等国。特别是在日本，历史上曾有专宗张仲景的古方派，直到今天，日本中医界还喜欢用张仲景方，在日本一些著名的中药制药工厂中，伤寒方一般占到60%以上。

世界第一部法医学专著
——《洗冤集录》

中国的法医学有悠久的历史。早在《礼记·月令》中就有命刑法官（秋官）"瞻伤、察创、视折、审断，决狱讼必端平"的记载。据汉代蔡邕解释，损害皮肤叫伤，损害血肉叫创，损害筋骨叫折，骨肉都折叫断。所谓瞻、察、视、审都是检验的方法，这就是法医学最早的萌芽。《黄帝内经》已有把死人躯体剖开来观察的记载。（《灵枢经·经水》："其死可解剖而视之。"）王莽时，曾命太医对被杀者尸体进行过解剖。

三国时期，名医吴普曾检验一名歌女的丈夫，断定其是被用古井里的鱼毒谋害。不过汉、唐期间，只是积累了一定的法医学知识，还没有一本法医学专著。到五代时期和凝父子合著了《疑狱集》，这是中国现存最早的法医著作。到宋代有无名氏的《内恕录》、赵逸斋的《平冤录》、郑兴裔的《检验格目》、郑克的《折狱龟鉴》、桂万荣的《棠阴比事》等，也都是有关法医检验的书籍。但是上述这些书籍，内容还比较粗糙，体系也不够完整。真正称得上是中国也是世界上第一部系统的法医学专著的，是宋代宋慈所著的《洗冤集录》，这部书著成于 1247 年，而外国最早的法医学专著是 1602 年意大利人菲德里所写，比《洗冤集录》晚 350 多年。

宋慈曾任高级刑法官。据史料记载，他做法官时，审案认真，处事慎重，对于重大疑案，总是反复思考，审之又审。在检验现场，他从始至终监视仵作（尸体检验员）的操作，遇有疑惑的地方，便要重检。他还常常亲自动手检验尸体，找寻现场实证。有一次，宋慈重审一件自杀案，发现自杀者死后握刀不紧，伤口又是进刀轻，出刀重，情节非常可疑。于是他亲下现场调查，终于查明真相，原来是某土豪为了掠夺妇女，谋杀了一个无辜的庄稼人，又贿通吏役，说死者是自杀。由于宋慈长期从事审判工作，和现场尸体检验打了不少交道，加之平时喜欢钻研历代法医文献，遇有问题，常向医师和老吏请教商量，因此积累了丰富的法医检验知识和经验。他在总结前人成就的基础上，于 1245 年开始编写《洗冤集录》。历时两年，书编成以后，奉旨颁行。于是这部著作便成了当时乃至历代审判官员案头必备的参考书。

宋慈的《洗冤集录》现在流传的有四卷本、五卷本，内容丰富，范围比较广，涉及解剖、生理、病理、药理、诊断、治疗、急救、内科、外科、妇科、儿科、骨科等各方面的知识，有很多精辟的论述。和近代法医学比较，不但其论述的项目和范围基本吻合，而且内容也具备了现代检验方面所需要的初步知识。例如在生理、病理、内科学方面，《洗冤集录》指出，尸体上有微赤色的斑痕，是死后因血行停止、血液坠积而形成的尸斑，并且指出了尸斑和尸位的关系。以尸斑断定死状确实具有法医学上的意义。《洗冤集录》还告诫验尸前要洗罨，就是用皂角水洗尸后，用米醋、酒糟、白梅、五倍子等局部罨洗，以防止检验时感染伤处，致使创痕发生变化。《洗冤集录》在缢死急救法中介绍了类似现代的人工呼吸法，这些都是很科学的。又如在解剖、外科和骨科学方面，《洗冤集录》对人体全身骨骼部位和作用作了详尽说明。该书记载了新鲜创口的处理方法，提出对有些创口要采用扩创手术，说"毒蛇能毙人……急以利刀去所啮之死肉"。该书还记载了诊断治疗骨折、用夹板固定伤断部位的方法，这些都是合乎科学道理的。对于检验尸骨上的生前伤，书中提到使用黄油新雨伞，罩定尸骨，迎日隔伞看，伤在骨内的就完全显露。这一方法完全符合光学原理，因为不透明的物体在阳光下所显示的颜色，都是选择反射的结果，而光线通过黄油伞，能吸收一部分足以影响仔细观察的光线。这和现今应用紫外线罩射尸骨检查伤痕，原理是一致的。又如在毒物学方面，《洗冤集录》列举了许多毒物的名称，如鼠莽草、巴豆、砒霜、水银、菌蕈、河豚等。它还记载了许多服毒后中毒的症状和解毒的方法，例如提到"中煤炭毒，土坑漏火气而臭秽者，人受熏蒸，不觉自毙，其尸软而无伤，与夜卧梦魇不能复觉者相似"。可见中国在很早的时候，就发现一氧化碳中毒的事例了。书中还提到虺（huǐ）蝮（虺，是古书上说的一种毒蛇；蝮，就是蝮蛇，体色灰褐，头部略呈三角形，有毒牙）伤人，"其毒内攻即死。立即将伤处用绳绢扎定，勿使毒入心腹。令人口含米醋或烧酒，吮伤以拔其毒，随吮随吐，随换酒醋再吮，俟红淡肿消为度。吮者不可误咽中毒"。我们知道，凡是被毒蛇咬伤，在伤处的上部，采用上行段血管局部结扎的办法，防止毒液蔓延，在今天来说，也是一个重要的措施。用"吸吮拔毒"的方法有一定的危险性，这在书中已提起注意，并采用口含烧酒以达到口腔消毒的目的。在当时的条件下，提出这样的办法，确实是难能可贵的。书中另外提到："砒霜服下未久者，取鸡蛋一二十个，打入碗内搅匀，入明矾末三钱，灌之，吐则再灌，吐尽便愈。但服久，砒已入腹，则不能吐出。"砒霜的化学成分是三氧化二砷，中毒后很容易由胃壁吸收入血。但砒在胃里遇到蛋白质，会产生凝固作用，变成一种不溶于水的物质，毒性就不容易被胃吸收入血了。明矾可以催吐，这种催吐洗胃、蛋白解毒的方法，是很符合科学原理的。在检验服毒的方法方面，书中提到："用银钗，皂角水揩洗过，探入死人喉内，以纸密封，良久取出，作青黑色，再用皂角水揩洗，其色不去。如无（毒），其色鲜白。"这种方法对于初步检验有毒硫化物还是有效的，因为硫化物遇银钗后，会产生黑色的硫化银。

总之，《洗冤集录》中的许多内容是有科学价值的。《洗冤集录》

从 13 世纪到 19 世纪沿用了 600 多年。元、明、清三代的法医学著作大都以《洗冤集录》作蓝本，有的对内容加以引证，有的就原文加以订正，有的对理论加以考释，有的补充一些事例。属于这类著作的有元武宗至大元年（1308 年）王与的《无冤录》，明末王肯堂的《洗冤录笺释》，清初曾慎斋的《洗冤汇编》，嘉庆元年（1796 年）王又槐的《洗冤录集证》，道光七年（1827 年）瞿中溶的《洗冤录辨正》，光绪年间沈家本的《补洗冤录》等。宋慈的《洗冤集录》，影响所及还超出了国界。清同治元年（1862 年），荷兰人把它译成了荷兰文本，1908 年法国人又将荷兰文本译成法文本，以后又译成德文本，此外还被译成朝、日、英、俄等国文字。这是中国法医学史上光辉的篇章。

世界免疫法的先驱

免疫的概念在中国医学史上，很早就有了。"以毒攻毒"，大家都知道，但是它的影响呢？在这种"以毒攻毒"的治病思想启示下，很早就有近似疫苗的记载。

4 世纪初，晋代葛洪曾著有《肘后方》一书。之所以叫做"肘后"，就是携带和使用方便的意思。在这部书的卷七里，记有人被狂犬咬了以后，便把咬人的那只狂犬杀掉，把犬脑敷贴在被咬之人的伤口上，以防治狂犬病。狂犬的脑中含有大量狂犬病病毒。可见，早在1600 多年前，中国就有利用毒素以增强身体抗病能力的想法。虽然在操作方法上还存在问题，但是就它的思想来看，可以说是狂犬病预防接种的先驱。

在这部《肘后方》卷七中还记有"射工"一项，"江南有射工毒虫，一名短狐，一名蜮，常在山间水中，人行及水浴，此虫口中横骨角弩，唧以射人形影则病"，葛洪描述了射工病的临状症状和治疗方法。到隋代大业六年（610 年），巢元方等人集体编写的《诸病原候论》卷二十五"射工候"中，更进一步指出："若得此病毒，仍以为屑，渐服之"，就是说把这种携带病原的毒虫磨成细屑服下，可以治疗这种病。这也是中国古代使用的接近疫苗原理的治病方法，虽然目的还是用于治疗而不是预防，但这种"以毒攻毒"的方法中，包含着免疫思想。

至于免疫方法的代表，当属中国古代发明的预防天花的种人痘法。天花这种病大约从东汉时期就已传入中国。因为是由战争中俘虏传来的，所以又叫"虏疮"。

但是一直没有很好的治疗和预防天花的方法。到了明清时期，天花肆虐，据说清朝顺治皇帝就是患天花死去的，在康熙写的文集中，曾说他因避天花传染，不敢进宫看他父亲。

幸运的是，在和这种猖獗的疾病进行了长期斗争后，中国勤劳智慧的劳动人民发明了预防的方法——人痘接种法。

清代俞茂鲲《痘科金镜赋集解》中说：明代隆庆年间，在今安徽省内黄山地区开始种痘，由此才推广到全国。

康熙二十年（1681年），清政府曾迎请江西省痘医张琰，为清王子和旗人（贵族）种痘。张琰在他著的《种痘新书》中说："种痘者八九千人，其莫救者，二三十耳。"康熙三十四年（1695年）张璐的《医通》一书中记有痘浆、旱苗、痘衣等法，并记述种痘法推广的情形："始自江右，达于燕齐，近者遍行南北。"由此可见，中国最迟在16世纪下半叶已经发明了种痘法，到17世纪不但已经推广到全国，而且技术也相当完善。

中国发明的种痘法，分为痘衣法（把得了天花的儿童的衬衣给被接种的人穿上，使他感染）、痘浆法（用棉花蘸染痘疮的疮浆，塞入被接种的儿童的鼻孔里，使他感染）、旱苗法（把痘痂阴干研细，用银管吹到被接种儿童的鼻孔里）、水苗法（把痘痂研细并用水调匀，用棉花蘸染，塞到儿童鼻孔里）。其中，痘衣法和痘浆法是比较原始的方法。旱苗法用痘痂作为痘苗，在方法上已经大大改进。而水苗法比旱苗法更加进步。

自从旱苗法和水苗法发展之后，对痘苗的贮藏也很讲究。痘痂脱落后，用乌金纸包好，紧封在干净的瓷瓶中，用时加清水研成浆糊，用新棉花蘸痘屑，捻成枣核大小，塞入鼻孔。痘苗最初是用天花的痂，叫做"时苗"。实际上就是用人工方法感染天花，所以危险性比较高。后来改用经过接种多次的痘痂作疫苗，叫做"熟苗"。熟苗的毒性已减，接种后比较安全。在清代朱奕梁写的《种痘心法》中说："其苗传种愈久，则药力之提拔愈清，人工之选炼愈熟，火毒汰尽，精气独存，所以万全而无害也。若时苗能连种七次，精加选炼，即为熟苗。"由此说明中国人民在人痘苗选种培育上是完全符合现代疫苗的科学原理的。这种对人痘苗"提拔愈清，人工之选炼愈熟，火毒汰尽，精气独存"的选育工作，是和今天用于预防结核病的"卡介苗"的定向减毒选育、使菌株毒性汰尽、抗原性独存的原理，是完全一致的。而中国早在 16 世纪 60 年代，就已经有通过人体使用"火毒汰尽，精气独存"的痘苗了。

清康熙二十七年（1688 年），俄国医生到北京来学习种人痘的方法，以后便由俄国传入土耳其。英国驻土耳其大使夫人孟塔古，在君士坦丁堡看到当地人为孩子们种痘以预防天花，效果很好，由于她的弟弟死于天花，她自己也曾感染，所以在 1717 年给她的儿子种了人痘。后来她又把这种方法传入英国，得到英国国王的赞同。不久，种人痘法就盛行于英国，更由英国传到欧洲各国和印度。至于日本等国，种人痘法是 18 世纪中叶直接由中国传去的。

种人痘法的发明，是中国对世界医学的一大贡献。

1796 年英国种人痘医生琴纳接种牛痘预防天花试验成功，1798 年发表了有关论文。种牛痘法于清嘉庆十年（1805 年）由澳门的葡萄牙商人传入中国。因为牛痘比人痘更加安全，中国也逐渐用牛痘代替了人痘，并改进了种痘技术。

1979 年 10 月 25 日，世界卫生组织宣布天花在地球上绝迹了。

虽然现在，免疫的概念已经远远超出了预防天花的范围，但不得不说，中国是发明免疫法的先驱。

农　　业

　　中国自古以来就是农业国家，中华民族也是以农业为主导经济的民族。在漫长的历史进程中，中国的农业，不但门类齐全，而且已经发展到了极高的水平。中国农业作物种类齐全，而且很多作物种类已经传播到全世界。中国是茶的故乡，中华民族是最早养蚕的民族，中国的蔬菜、果木栽培和畜牧业都为世界作出过巨大贡献。中国的农业科学、农具对亚洲各邻国和世界各地都产生过重大影响。

　　即使到了农业现代化的今天，中国在传统农业生产的许多方面仍然保持着不可超越的优势。这是中华民族子孙的自豪，也是后人创造更大辉煌的动力。

世界人民的饮料
——中国茶

中国是茶树的原产地之一，也是世界上发现茶树和应用茶叶最早的国家。中国茶叶一向以品质优良、品种繁多著称。现在世界上各产茶国家都直接或间接从中国引种过茶树或茶籽。因此各国现代语中的"茶"字，都是由中国"茶"字的广东音或厦门音转变而来的。而唐代陆羽所著《茶经》又是世界上第一部茶的专著。

中国用茶历史悠久。茶在古代又名槚、蔎、茗等。公元前 1 世纪西汉蜀人王褒《僮约》中就有"武都买茶，扬氏担荷"，"烹茶尽具，酺已盖藏"的话，是关于中国烹茶、买茶比较早的记载，也是后世认为饮茶起源于四川的根据之一。

茶叶的应用，一开始是用野生鲜叶直接作为药用或饮用的，后来才栽培茶树。中国已有 2000 多年的种茶历史了。

古代采摘茶叶是十分讲究的。陆羽《茶经》中说："采不时，造不精，杂以卉莽，饮之成疾，茶之累也。"一般说来气温比较高的地区采茶比较早，气温比较低的地区采茶稍晚。同一采茶季节，唐宋两代以早晨或阴天为采茶得时，而且讲究用指甲不用指头采茶，"以甲速断不柔，以指则多温易损"。制作高级茶叶，还要求根据茶叶的老嫩程度分别采摘，如分"芽如雀舌谷粒"、"一枪一旗"（一芽一叶）、"一枪二旗"等。这样，加工的时候便于操作和掌握火候，外形也整齐。

关于茶叶的加工，根据陆羽的记载，三国魏张揖所撰《广雅》中说："荆巴间采叶作饼，叶老者饼成，以米膏出之，欲煮茗饮，先炙令赤色，捣入瓷器中，以汤浇覆之，用葱、姜、橘子芼之，其饮醒酒，令人不眠。"唐代的茶叶加工方法已经有很大改进，并且发明了蒸青制法，就是把鲜叶采回，用蒸汽杀青，捣碎，制饼、穿孔，贯穿起来烘干，消除了以前茶饼的青臭气味，也便于贮藏和运输。所以在唐代，江南茶叶大量运销华北和塞外。宋代是把鲜叶先洗涤后蒸青，蒸后压榨去汁，再制饼。从宋到元，人们为了简化制茶过程，保持茶叶真味，逐渐由蒸青饼茶和团茶改为蒸青散茶，茶叶蒸青后不揉不拍，直接烘干制成。全叶茶从此问世，古老的饼茶制法基本终结。

元末明初又发明了炒青绿茶，制法简单，省工省时，茶叶的色、香、味、形都有很大改进，一直沿用到今天。明代以来，花茶和红茶的制法又相继发明。所以我们现有的绿茶、红茶、花茶等几种主要茶类，在明代就都有了。

绿茶的主要生产工艺包括杀青、揉捻、干燥等过程，绿茶有香气浓郁、滋味醇厚的特点。而红茶要经过萎凋、揉捻、发酵等加工过程，红茶气味芬芳，滋味醇厚，色泽乌黑油润，汤色红艳明亮。花茶是选用浓郁芬芳的鲜花和上等绿茶熏制而成。最早在茶叶中掺入其他香料是在宋代，浓郁的鲜花香气溶于清爽茶味之中，使花香茶味相得益彰，是花茶的特色。花茶属于特别茶。

就茶叶的品种来说，早在唐代，由于"风俗贵茶，茶之名品亦众"。蒙顶石花、顾渚石笋、福州方山露芽、霍山黄芽等10多种，都是当时的名茶。宋代仅福建一地的"贡茶"，就有"万春银叶"、"上品拣茶"等41种之多。

古今中外，人们之所以喜欢饮茶，是因为茶叶不仅是一种可口的饮料，而且饮茶有益健康。正因为茶叶具有这种功能，所以茶叶一经传入欧洲，很快就同咖啡、可可一起成为世界三大饮料。

据近代科学分析，饮茶确有清热降火、消食生津、利尿除病、提神醒脑、消除疲劳、恢复体力等功效。实践证明，体力劳动疲劳的时候，脑力劳动困倦的时候，饮浓茶一杯，顿觉精神兴奋。因为茶中含有咖啡因，具有刺激神经、亢进肌肉收缩力、活动肌肉的效能，并能促进新陈代谢。炎热酷暑，喝一杯热茶，便觉凉爽。在丰餐盛宴以后，饮一杯浓茶，油腻食物便容易消化。这是因为茶中含有芳香油，能溶解脂肪。因此一些以肉食为主的民族有"宁可一日无油盐，不可一日无茶"的说法。

此外，茶中含有多种维生素、氨基酸和矿物质等。维生素 C 能抗坏血病。维生素 P 可以减少脑出血的发生。茶鞣质能凝固蛋白质，而且具有杀菌和抑制大肠杆菌、链球菌、肺炎菌活动的作用，因而能治疗细菌性痢疾，对伤寒霍乱也有一定的疗效。茶叶还有助于增强血管弹性，预防动脉硬化。国内外研究结果认为，饮茶对治疗慢性肾炎、肝炎和原子辐射都有一定效果。自古以来，中国中医药方中常常用到茶叶，现在济南中医药方中还经常用到松萝茶。可见中国古代劳动人民认为饮茶有益健康，用茶治病，是有科学根据的。

茶不仅是中国人民的传统饮料，也是世界人民普遍喜欢的饮料之一，因此，很早就成为中国出口的主要商品了。

5 世纪，中国茶叶开始输入亚洲一些国家，17 世纪运往欧美各国。茶叶一经传入外国，立即受到国外人士的珍视和欣赏，广为宣传，从此中国茶叶的功能和饮用方法先后为世界各国所了解，饮茶风尚逐渐盛行全球。因此中国茶叶输出量与日俱增。19 世纪末以前，中国茶叶在世界市场上还是独一无二的，输出量最多的时期是清光绪十二年（1886 年）达 268 万担（合 13.4 万吨），值银 5220 万两，占出口总值半数以上，居中国出口商品的第一位。中国不仅输出茶叶，而且向很多国家提供过茶树或茶籽。9 世纪初茶树传入日本，17 世纪茶籽传入爪哇，18 世纪茶籽传入印度，19 世纪茶树先后传入俄国和斯里兰卡等国。

闻名世界的古代水利工程

水利是农业的命脉。中国古代有不少闻名世界的水利工程。

都江堰

都江堰位于成都平原西部灌县（今都江堰市）附近的岷江上。这是秦昭襄王五十一年（前 256 年）李冰任蜀郡守后，领导群众修筑的。都江堰由分水"鱼嘴"、"飞沙堰"和"宝瓶口" 3 项主要工程组成。分水"鱼嘴"把岷江一分为二：东边是内江，西边是外江。"宝瓶口"是劈开玉垒山建成的渠首工程。"飞沙堰"是调节入渠水量的溢洪道。内江从"宝瓶口"以下进入成都平原为密布的农田灌渠。有了都江堰，成都平原"旱则引水浸润，雨则杜塞水门"，成为富有的粮仓，享有"天府"的称号。

郑国渠

郑国渠是秦始皇元年（前 246 年）由一个名叫郑国的水工设计和领导修筑的。郑国渠从现今陕西泾阳县起，引泾水向东注入洛水，全长 150 多公里，灌溉关中平原。渠修成以后，人们用富有肥效的细泥（悬浮体）的泾水进行"粪灌"（就是淤灌），把关中平原 200 多万亩盐碱地改良成平均亩产 100 多公斤的良田，从此"关中为沃野，无凶年"(《史记·河渠书》)。当时关中流传着这样一首歌谣:"郑国在前,白渠起后。举臿为云,决渠为雨。泾水一石,其泥数斗,且溉且粪,长我禾黍,衣食京师,亿万之口。"(《汉书·沟洫志》)这生动地描绘了在郑国渠等灌溉渠的淤灌下,关中平原农业发达、经济繁荣的情景。

黄河大堤

黄河流经黄土高原,因而含有大量泥沙。河南孟津以下,黄河流入平原,河床坡度骤然变小,大量泥沙淤积河床,因而洪汛来的时候,经常泛滥、决口或改道,在历史上,黄河洪水灾情特别严重。中国历代劳动人民在同黄河洪水斗争中有过光辉的成就,创造了不少治河方法。目前,黄河两岸的千里大堤正是这种斗争的产物,它是在漫长的岁月中发展完善起来的。春秋时期,黄河下游已经部分出现了堤防,但是规模不大。战国时期,堤防更加普遍,某些地段还出现了所谓"巨防"和"千丈堤"。秦始皇统一中国以后,"决通川防,夷去险阻",第一次统一治理了黄河大堤。以后黄河大堤又有所发展。特别是到了明清两代,由于"束水攻沙"理论的提出和应用,使堤防由消极防洪挡水的工程变成了积极冲刷淤沙的工程,因此黄河大堤迅速得到发展并且完善起来,出现了多种堤防的配合。此外还有许多辅助工程出现,如排水坝、顺水坝、透水坝、减水坝。在危险工段更有多种护堤工程——"埽"。黄河大堤对于控制洪水灾害,保护人民生命财产,促进华北平原农业生产发展,本来应该起到积极的作用。但是历代反动统治阶级根本不顾人民死活,往往借治理黄河之名搜刮民脂民膏,不重视大堤的维修工作,因而起不到积极的作用,黄河洪水灾害仍旧历年不断。

龙首渠

龙首渠是汉武帝时征发数万人开掘的一条引洛河水灌溉重泉

（今陕西蒲城东南 20 公里）的一条大型渠道，这条渠道必须经过商颜山（今铁镰山）。如果沿山脚挖明渠绕过去，由于山脚的黄土层受水侵蚀，大量崩塌，渠道容易毁坏。于是劳动人民另想他法，终于发明了"井下相通行水"的"井渠法"，使龙首渠从地下穿过了 3.5 公里宽的商颜山。

芍陂

春秋时期楚国楚庄王在位时，楚国劳动人民在今安徽寿县南面兴建了芍陂（安丰塘）。这是个大似湖泊的水塘，塘堤四周设有 36 道门，72 道涵。它接引了六安山区流来的水，形成一座周围 60 多公里的蓄水库，可以灌溉万顷农田。现在它成为淠史杭综合利用水利工程的一个组成部分。

海塘

海塘出现于西汉，之后筑塘技术不断发展，不少海塘由土塘发展到石塘，规模也不断扩大。江苏、浙江两省是中国漕粮的来源地。但是两省地滨东海，常遭台风、海啸袭击，潮灾严重，尤其是杭州、嘉兴一带最严重，因此江浙海塘建筑成为水利建设的重要方面。继宋元两代多次筑塘后，清代康熙、雍正年间，曾经先后 6 次大修海塘。江浙海塘是世界闻名的，北起金山卫，南到杭州，全长 150 多公里。海塘像一座座海边长城，阻挡海潮侵袭，捍卫着沃野千里的长江三角洲和滨海平原。

灵渠

灵渠位于广西兴安，它是秦始皇统一六国以后，为了进一步完成统一事业，克服五岭障碍，解决运输军粮问题，派史禄领导开凿的。它长约 15 公里，宽约 5 米，连接湘水（长江水系）和漓水（珠江水系）。开凿灵渠，先在湘水中用石堤筑成分水"铧嘴"和大小"天平"，把湘水隔断。在"铧嘴"前开南北两条水渠，北渠仍通湘水，南渠（灵渠）和漓水相通。湘水上游，海阳河流来的水被"铧嘴"一分为二，分别流入南渠和北渠，这样就连接了湘水和漓水，沟通了长江和珠江两大水系。当海阳河流来的水量大时，灵渠可以通过大小"天平"等溢洪道，把洪水排泄到湘水故道去，保证了运河的安全。灵渠选择在湘水和漓水相距很近的地段，这里水位相差不大，并且使运河路线迂回，来降低河床比降，平缓水势，便于行船。灵渠设计和布局都很科学，在世界航运史上占有重要的地位。

京杭大运河

京杭大运河是世界上开凿最早、规模最大、里程最长的航行运河。它北起北京，南到杭州，全长 1794 公里，沟通海河、黄河、淮河、长江和钱塘江五大水系。它的建成克服了过去没有南北水路的缺陷，发挥了很大作用，在京广铁路修筑前，是南北的交通干线。大运河最早的一段是 2400 年前开凿的邗（hán）沟，以后不断发展。隋炀帝大业年间，为了漕运，便大开运河，经过 6 年，开通了 2400 公里的南北大运河。但是隋代的大运河在淮河和海河中间的一段和现在的不同，是以隋代的东都洛阳为中心向东北和东南伸展的。元代建都北京以后，要从江浙运粮到北京，为了避免绕道洛阳，就裁弯取直，形成现在的京杭大运河。隋代和元代大运河建成以后，成为南北交通的大动脉。唐代的时候，由大运河运到北方的粮食，每年在 200 万石以上。到了宋代，每年增加到 700 万石。大运河促进了南北经济发展。沿河也形成了不少著名城市，如德州、济南、淮安、扬州、镇江等。

中国古代农书

据不完全统计，2000 多年来，中国的古代农书，包括现存和已经散失的，总数共有 376 种。这 300 多种农书，大体分为两大类：一类是综合性农书，一般以作物栽培、园艺、畜牧和蚕桑作为基本内容，而又以大田生产为主。有的还包括水产、农具、水利、救荒、农产品加工等。另一类是所谓的专业农书，包括关于天时、耕作的专著，各种专谱，蚕桑专书，兽医书籍，野菜专著，治蝗书等。

据《汉书·艺文志》记载，战国时期的专门农书有《神农》、《野老》两种，可惜它们早已散失了。只有《吕氏春秋》中的《上农》、《任地》、《辨土》、《审时》4 篇，是专讲农业的，它们可以说是中国现存最古老的农学论文。《吕氏春秋》是秦相吕不韦手下的门客集体编写的一本书。有人考证它成书于秦始皇八年（前 239 年）。《上农》等 4 篇虽不是独立的专门农书，但是它们组成一个体系，已经是一套完整的论文。和罗马农学家加图在公元前 160 年左右写的《农书》相比，《吕氏春秋》所总结的农业科学原理要深刻得多。

《氾胜之书》

《氾胜之书》总结了西汉中国北方特别是关中地区的耕作制度，对耕作原理提出了一些基本原则："趣时"（赶上雨前雨后最合适的耕地时间）、"和土"（耕、锄、耱平，使土壤松软）、"务粪泽"（保持土壤肥沃和湿润）、"早锄早获"（及时中耕除草和收割）。

《氾胜之书》列举栽培作物 10 多种，粮食作物有黍子、谷子、冬小麦（宿麦）、春小麦（旋麦）、水稻、小豆、大豆；油料作物有苴（jú）（雌株大麻）和荏（油苏子）；纤维作物有桑树等；还有瓜、瓠、芋等副食。对每种作物从选种、播种、收获到储种，都有精确叙述。在选种方面，第一次提出麦子、谷子的穗选保纯法。穗选法和稻田控制水流以调节水温的方法，桑苗截干法等，很突出地显示出当时农业技术的进步。

《齐民要术》

《齐民要术》是中国现存最早最完整的农书，贾思勰著，这本书写于北魏末年。从《齐民要术》的记载中可以看出，当时农业生产工具比西汉大有增加，使用的方法也大有改进。如耕作就有锄、耙、劳、锋、耩（jiǎng）5 种农具。农具的这种从简到繁、从少到多的演变，也是生产力发展的标志。

全书正文 10 卷，92 篇，共 11 万多字。此外，书前还有《自序》和《杂说》各 1 篇。全书包括了农、林、牧、副、渔各个方面，涉及的地区包括今天山西东南部、河北中南部、河南的黄河北岸和山东等地。魏晋以来，这里是各民族大融合的地区，因此这部书也可以说是总结了各族人民的生产经验。《齐民要术》深刻地阐明了中国古代因时制宜、因地制宜的先进农业生产思想。它进一步肯定了秋耕的重要性，并且指出耕地深浅要按不同情况而定，"初耕欲深，转地欲浅"，"秋耕欲深，春夏欲浅"。耕种高田或低田，"不问春秋，必须燥湿得所为佳，若水旱不调，宁燥不湿"（《耕田篇》）。对于耕地后把地耱平，中耕除草，可以防旱保墒，以及抢墒播种等经验，也是由贾思勰具体总结出来的。

在贾思勰以前，人们主要用轮换休闲的办法来恢复土地肥力，而贾思勰却于休闲之外，又总结和研究了轮作制。首先，他根据作物特性分出哪些可以轮作，哪些不能，并且总结了一套轮作法，指出豆类作物是良好的前茬作物。其次，肯定了绿肥作物的肥效，说："凡美田之法，绿豆为上，小豆、胡麻次之。"（《耕田篇》）看来当时黄河流域已经比较广泛地栽培和利用绿肥作物了。《齐民要术》对套作也进行了总结，为充分利用阳光、耕地面积和提高单位面积产量找出了一个新方向。

《齐民要术》内容丰富，记述详细正确，系统全面地总结了公元6世纪以前我们祖先在农业生产技术方面所积累的大量知识，有许多内容比世界其他各先进民族的记载要早三四百年，甚至1000多年。它的取材布局，也为后来的许多农书作者所借鉴。

《陈旉农书》

陈旉于南宋高宗绍兴十九年（1149年）写成《陈旉农书》，这是中国最早专门总结江南水田耕作的一部小型综合性农书。全书连序、跋在内共1.25万字。该书篇幅虽小，但是内容丰富。它着重记述作者参与农业经营的心得体会，引用古书，融会贯通在他自己的文章里，体例和《齐民要术》不同。《陈旉农书》在中国古代农学上体现出不少新的发展，是中国一流的综合性农书之一。

《王祯农书》

元代的《王祯农书》是一部大型的农书。这部农书是王祯综合了黄河流域旱田耕作和江南水田耕作两方面的生产实际写成的。现在的通行本大约11万字，共分3部分：《农桑通诀》、《百谷谱》、《农器图谱》。第三部分占全书的4/5，是全书重点所在。有图有说的《农器图谱》是这部农书的一个创举。306幅图中大部分是当时实物的写真，有许多农具今天还在使用。

《王祯农书》对农田水利的认识是比较系统全面的，能注意到水的综合利用，把灌溉和航运、水力利用、水产等结合在一起考虑，也提出了兴修水利的条件和对于远景的宏伟设想。

《农政全书》

明末徐光启是中国古代杰出的科学家。在农学方面，他给我们留下了一部综合介绍中国传统农学的空前巨著——《农政全书》。

《农政全书》总共有 70 多万字，所引用的文献共 229 种。在这部书中，徐光启建立了一个比较完整的农学体系。但是他自己生前因事务繁忙，没有来得及定稿，死后存留的手稿，由陈子龙等人编定刻印成书。全书 60 卷，分成 12 目：农本（经史典故、诸家杂论、国朝重农考），田制（井田考和《王祯农书》中的各种田制图），农事（营治、开垦、授时、占候，以屯垦为重心），水利（水利工程、农田水利、《泰西水法》），农器、树艺（谷物、蔬菜、果树），蚕桑，蚕桑广（木棉、苎麻），种植（经济作物），牧养、制造（食品、房屋），荒政（备荒，附《救荒本草》和《野菜谱》）。

《农政全书》和以前所有大小农书不同的地方，就是系统而集中地叙述了屯垦、大规模的水利工程（包括农田水利）、备荒 3 项。这 3 项不是一般的农业生产技术措施，而是保证农业生产和农民生命安全所必需的。《齐民要术》和《王祯农书》可以说是纯技术性的农书，《农政全书》重点在于保证农业生产的其他措施。

独特的古代农具

在中国几千年的文明史上，农业在整个生产中都占有重要地位。随着社会经济的发展，为了增加产量，提高劳动生产率，劳动人民发明创造了多种多样的农业生产工具，不但数量多，而且在时间上也多是比较早的。

耕犁

犁是在耒耜的基础上发展而来的。中国很早就发明了耒耜，用耒耜来翻整土地，播种庄稼，进行农业生产。随着生产的发展，耒耜发展成犁。不过在战国时期以前，人们使用的只是石制、木制、骨制和少量的铜制整地工具。后来由于牛耕的出现和冶铁业的兴起，战国时期便出现了铁制的耕犁——铁犁铧。

铁犁铧的发明是一个了不起的成就。它标志着人类社会发展的新时期，也标志着人类改造自然的斗争进入一个新的阶段。

汉代大力推广先进的生产工具和耕作方法，耕犁也得到了进一步的发展，并且在全国各地广泛使用。当时的耕犁是铁制的犁铧，已经出现犁壁。犁壁的发明是耕犁的一个重大发展。没有犁壁的耕犁达不到碎土、松土、起垄的目的，还必须靠锄类和铲类农具的帮助才行。有了犁壁就能翻土碎土，犁壁有一定的方向，向一侧翻转土垡，把杂草埋在下面作肥料，同时还有杀虫的作用。

欧洲的耕犁直到 11 世纪才有关于犁壁的记载，中国最迟到汉代就有了犁壁，比欧洲要早近 1000 年。汉代耕犁的木质部分由犁辕、犁梢（犁柄）、犁底（犁床）、犁箭、犁横等部件组成，汉代的耕犁已经基本定型，它除了有先进的犁壁外，还有能调节耕地深浅的犁箭。

宋元以后，耕犁的形式更加多样化，各地创造了很多新式的耕犁，北方旱地用犁铧，耕种草莽用犁镵，开垦芦苇蒿莱等荒地用犁刀等。根据史料记载，在整个古代社会，中国耕犁的发展水平一直处于世界农业技术发展的前列。

汉代的播种机——三脚耧

中国在战国时期就有了播种机械。汉武帝的时候，赵过在一脚耧和二脚耧的基础上，发明了能同时播种三行的三脚耧。一头牛拉着，一人牵牛，一人扶耧，一天就能播种 100 亩地，大大提高了播种效率。汉武帝曾经下令在全国范围内推广这种先进的播种机。

汉代三脚耧复原模型，现在陈列在中国历史博物馆里。它的构造是这样的：下面三个小的铁铧是开沟用的，叫做耧脚，后部中间是空的，两脚之间的距离是一垅。三根木制的中空的耧腿，下端嵌入耧铧的銎里，上端和子粒槽相通。子粒槽下部前面由一个长方形的开口与前面的耧斗相通。耧斗的后部下方有一个开口，活装着一块闸板。为了防止种子在开口处阻塞，在耧柄的一个支柱上悬挂一根竹签，竹签前端伸入耧斗下部系牢，中间缚上一个铁块。耧两边有两辕，相距可容一头牛，后面有耧柄。

播种前，要根据种子的种类、子粒的大小、土壤的干湿度等情况，调节好耧斗开口的闸板，使其在一定的时间流出一定量的种子。然后把要播种的种子放入耧斗里，用牛拉着，一人牵牛，一人扶耧。扶耧人控制耧柄的高低，来调节耧脚入土的深浅，同时也调整了播种的深浅，一边走一边摇，种子自动地从耧斗中流出，分三股经耧腿再经耧铧的下方播入土壤。在耧后边的木框上，用两股绳子悬挂一根方形木棒，横放在播种的垅上，随着耧前进，自动把土耙平，把种子覆盖在土下，这样一次就把开沟、下种、覆盖的任务完成了。再另外用砘子压实，使种子和土紧密地附在一起，发芽生长。

现代最新式的播种机的全部功能也不过把开沟、下种、覆盖、压实4道工序接连完成，而中国2000多年前的三脚耧早已把前3道工序连在一起由同一机械来完成。在当时能够创造出这样先进的播种机，确实是一项很重大的成就，是中国古代在农业机械方面的重大发明。

灌溉机械——龙骨水车

龙骨水车是中国古代最著名的农业灌溉机械之一。龙骨水车，古书上都叫翻车，据《后汉书》记载，这一灌溉机械是东汉末年发明的，最初是利用人力转动轮轴灌水，后来由于轮轴的发展和机械制造技术的进步，发明了以畜力、风力和水力作为动力的龙骨水车，并且在全国各地广泛使用。

根据动力的不同，龙骨水车有人力龙骨水车、畜力龙骨水车、水转龙骨水车等。

人力龙骨水车是以人力作为动力，多用脚踏，也有用手摇的。人力龙骨水车因为使用人力，它的汲水量不够大，但是凡临水的地方都可以使用，可以两个人同时踏或摇，也可以一个人踏或摇，很方便，深受人们的欢迎，是应用很广的农业灌溉机械。

畜力龙骨水车大约出现在南宋初年，它是龙骨水车发展的一个新阶段。它在动力机械方面有了新的改进。在水车上端的横轴上装有一个竖齿轮，旁边立一根大立轴，立轴的中部装上一个大的卧齿轮，让卧齿轮和竖齿轮的齿相衔接。立轴上装一根大横杆，让牛拉着横杆转动，经过两个齿轮的传动，带动水车转动，把水提上来。因为畜力比较大，能把水提到比较高的地方，汲水量也比较大。

水转龙骨水车有近700年的历史了。其水车部分和以前的各种水车完全相同。它的动力机械装在水流湍急的河边，先树立一个大木架，大木架中央竖立一根转轴，轴上装有上、下两个大卧轮。下卧轮是水轮，在水轮上装有若干板叶，以便借水的冲击使水轮转动。上卧轮是一个大齿轮，和水车上端轴上的竖齿轮相衔接。把水车装在河岸边挖的一条深沟里，流水冲击水轮转动，卧齿轮带动水车轴上的竖齿轮转动，也就带动水车转动，把水从河中深沟里提上岸来，流入田间，灌溉庄稼。如果水源比较高，可以做大的立式水轮，直接安装在水车的转轴上，带动水车转动，这样可以省去两个大齿轮。

在利用流水作动力的灌溉机械上应用了一对大的木齿轮，把水轮的转动传递到水车的轴上，来带动水车把水提上来，进行灌溉，这是元代机械制造方面的一个巨大进步，也是人们利用自然力造福于人类的一项重大成就。

中国蔬菜的历史

蔬菜生产在中国有悠久的历史。西安半坡新石器时代遗址出土谷粒的同时，还发现在一个陶罐里，保留有芥菜或白菜一类的菜子。据测试，这些种子结成的时间大约在 6000 年以前。到了周代，蔬菜栽培已经相当发达了。《诗经》里对蔬菜生产已经有所描述，如《豳风·七月》中有"七月食瓜，八月断壶"（壶就是瓠），"九月筑场圃，十月纳禾稼"。春秋战国时期，随着城镇的发展，农（大田作物）圃（蔬菜作物）分工，园圃种蔬菜已经成了专业。

中国的蔬菜种类繁多，品种丰富。据清代《植物名实图考》中的记载，当时蔬菜已有 176 种之多，现在经常食用的在 100 种左右。在这 100 种蔬菜中，中国原产的和引入的种类大约各占一半。中国原产的蔬菜，最早的记载见于《诗经》，有瓜、瓠、韭、葵、葑（蔓菁）、荷、芹、薇等 10 多种。但是哪些是栽种的，哪些是野生的，有些现在难以作出确切的判断。据《齐民要术》记载，黄河流域各地栽种的蔬菜有瓜（甜瓜）、冬瓜、越瓜、胡瓜、茄子、瓠、芋、葵、蔓菁、菘、芦菔、蒜、葱、韭、芥、芸薹、胡荽以及苜蓿等 31 种。其中现在仍在栽种的有 21 种，余下的已经从菜圃中退出或转作他用。在现有的 21 种中，经过历代劳动人民的精心培育，如菘（白菜）、芦菔（萝卜）已经成为主要的蔬菜，芥因为适应多种用途而有了许多变种。

白菜古称菘。因为它栽培普遍，并且能四季供应，久吃不厌，深受人们喜爱。白菜中以北方的包心大白菜最有名。大白菜是由不包心的小白菜经过人工培育演化而来的。晋代以前，北方的古书里没有关于白菜的明确记载。南北朝时期，文献中有关白菜的记载才多起来。如《南齐书》里就有"春初早韭，秋末晚菘"，是菜食中味最佳者。《齐民要术·蔓菁篇》中附带提及"种菘、芦菔法与芜菁同"（芜菁就是蔓菁）。后来宋代苏颂在《图经本草》中说："旧说北无菘，今京洛种菘，都类南土，但肥厚不及尔。"明代李时珍在《本草纲目》中也说："北无菘者，自唐以前或然，今则紫菘、白菘南北通有。"可见南北朝时期南方白菜种植已经很发达，北方却在唐宋以后方盛。菘在栽培过程中，经历了散叶类型、半结球类型，最后才成为叶球坚实的结球类型，也就是包心紧凑的大白菜。这几种类型现在都还有栽种。清《顺天府志》中有关于结球白菜的确切记载。经过精心培育，现在华北地区已经有了500多个地方品种，有些又引种到南方，栽培上也得到良好的效果。由于小白菜和大白菜都原产于中国，所以它们的学名分别叫 Brassica chinensis 和 Brassica pekinensis，就是在芸苔属后边加上了中国和北京的字样。日本从1875年开始由中国引种白菜，中间几经波折，后来才迅速推广开来，现在产量和种植面积都占蔬菜中的第二位。新中国成立后还有另外一些国家从中国引种白菜。

萝卜古称芦菔、莱菔。中国是萝卜的原产地之一。最早的关于萝卜的记载见于《尔雅》。唐代苏敬在《新修本草》中说："江北、河北、秦、晋最多，登莱亦好。"宋代已经"南北通有"，"河朔极有大者，而江南安州、洪州、信阳者甚大，重至五六斤，或近一秤，亦一时种莳之力也"（《图经本草》）。由于中国萝卜栽培时间久，种植地域广，所以有着世界上类型最多的品种。如有适于生吃色味俱佳的心里美，也有供加工腌制的露八分等。

芥菜是中国特产的蔬菜之一，有利用根、茎、叶的许多变种。野生芥菜原产于中国，最初只是用它的种子来调味。李时珍在《本草纲目》里说，除了辛辣可以入药的，还有可以食叶的如马芥、石芥、紫芥、花芥等。现在叶用的有雪里红、大叶芥等，茎用的变种有著名的四川榨菜，根用的变种有浙江的大头菜等。这些是中国劳动人民在改造植物习性上的一些成就。

除了驯化培育，中国还从很早就不断引进外来蔬菜，经过精心培育，逐渐改变了它们的习性，适应中国的风土特点，创造出许多新的、优良的类型和品种。如黄瓜，原来瓜小、肉薄，经过改进，不仅瓜型品质有了提高，而且还育成了适应不同季节和气候条件的新品种，从春到秋都可以栽种。原产于印度的茄子，原始类型只有鸡蛋大小，而在中国很早就育成了长 0.2～0.3 米的长茄以及重为几公斤的大圆茄。华北的紫黑色大圆茄已经引种到许多国家。辣椒原产于美洲，后来经由欧洲传入中国，不过三四百年，中国已经有了世界上最丰富的辣椒品种。除了长辣椒，中国还育成了许多类型的甜椒，其中北京的柿子椒已经引种到美国，命名为"中国巨人"。国外的许多甜椒品种就是在它的基础上选育出来的。

黄河中下游是中国早期农业的基地之一，在这个冬季寒冷干燥而又漫长的地区，自古就能够做到周年均衡供应新鲜蔬菜，的确很不容易。为了争取多收早获，中国蔬菜生产除了露天栽培外，历代劳动人民还在生产实践中创造了保护地栽培、软化栽培、假植栽培等多种形式。像风障、阳畦、暖窖、温床以及温室等，到现在仍在沿用。利用保护地栽培蔬菜，世界上当以中国为最早，最迟在西汉已经开始。

早在战国时期就已有被称作"黄卷"的豆芽菜，宋代以后，孵豆芽发展成一套完整的技术。据林洪《山家清供》中的记载，可用黑大豆制作豆芽菜，因为它"色浅黄名为鹅黄豆生"。豆芽菜是中国劳动人民的独特创造，它是使种子经过不见日光的黄化处理发芽做成的。黄豆、绿豆和豌豆都可以用来生芽。豆芽菜不仅清脆可口，而且营养丰富，成为深受广大人民群众喜爱的食物。

古代畜牧业成就

蹄铁术的发明

蹄铁是马匹管理上不可缺少的东西，由"无铁即无蹄，无蹄即无马"这句谚语，就足以说明蹄铁的重要。制造蹄铁和装蹄、削蹄是一项专门技术，它可以提高马匹的效能。蹄铁在中国至少有2000多年的历史，在那时候欧洲还只知道用革制简单的蹄鞋。

自从中国古代人民发明了蹄铁术之后，各地竞相模仿。今日欧洲的蹄铁术，是在中国蹄铁术的基础上加以改良而成的。

马种的改良

汉武帝为了抵御匈奴，曾致力于发展养马业。为了改良马种，他曾派遣使臣到西域大宛，引入古代有名的汗血马3000匹，进行大规模的繁殖和杂交改良工作。唐代在马匹改良上也曾经做过极大的努力。在汉代以来改良品种的基础上，还不断从西域引入大批的优良马种。据《唐会要》记载，唐高祖武德年间，康居国（今新疆北境和中亚地区）进贡马4000匹，属大宛种，体躯很大。唐太宗贞观二十年（646年），居住在瀚海以北的"骨利干"族人（在今西伯利亚叶尼塞茨克地区）派遣使者来中国，带来良马100匹，其中有10匹特别好，唐太宗极其珍爱，给每匹马都取了名字，号称"十骥"。唐太宗曾用军事力量保护丝绸之路的畅通无阻。伴随通商，引进了外国一些先进科学技术，良马也传进来了。"昭陵六骏"中的名马之一"什伐赤"，就是引进的十分名贵的优良马种。

汉、唐以来，先后从西域引入的，有大宛、乌孙、波斯、突厥等地的良马。这些良种马的引入，对于内地马匹的改良，起了极大的作用。《新唐书·兵志》称："既杂胡种，马乃益壮。"汉、唐以来所产生的改良驹，体质健壮，外形优美。这些名驹良骥的雄姿，到现在还可以从汉、唐遗留下的陶俑马、浮雕、壁画和石刻中见到。汉、唐有意识地引入外地种马杂交本地种马，无论是技术成就还是数量规模，在当时世界上都是少有的。利用异种间的杂交方法来创造新畜种骡，是中国古代家畜育种科学的重大成就。

猪的选育

汉代在猪的选育方面的经验和技术相当成熟。《史记·日者列传》记载："留长孺以相彘立名。"《齐民要术》引"留长孺相彘法"说："母猪取短喙无柔毛者良。喙长则牙多，一厢三牙以上，则不烦畜，为难肥故。有柔毛者焰治难净也。"这说明当时已经认识到外形是体质的外部表现，能反映猪的生理机能的特点和生产性能。因此，据此选留种猪，对于汉代猪种质量的提高起了很大作用。关于汉代猪种的优良品质，可以从现代出土的古代文物中得到证实。根据华南汉墓出土的汉代青瓦猪的外形来看，汉代华南小耳型猪（属华南猪类型）头短宽，耳小直立，颈短阔，背腰宽广，臀部和大腿发育极其良好，四肢短小，鬃毛柔细，品质优良。这种优美的体态，说明中国古代猪种很早就具有早熟、易肥、发育快、肉质好的特性。

根据华北汉墓出土的汉代青瓦母猪和仔猪的外形来看，应属于华北猪类型中的大耳型猪，它们的体态是：头部长而直，耳大下垂。又由出土的母猪俑所表现出的发育良好的乳房和仔猪丰肥的情况，可以看出这一猪种的优良品质。

在历代劳动人民的精心选育下，中国各地曾培育出不少优良猪种。据西晋张华《博物志》中所载："猪，天下畜之而各有不同：生青、兖、徐、淮者耳大；生燕、冀者皮厚；生梁、雍者足短；生辽东者头白；生豫州者喙短；生江南者耳小，谓之'江猪'；生岭南者白而极肥。"可见早在3世纪，中国各地已经有了不少名贵猪种。

中国猪种一向以早熟、易肥、耐粗饲和肉质好、繁殖力强著称于世，汉、唐以来，广为欧亚各地人民所称赞。当时大秦国（罗马帝国）的本地猪种生长慢、晚熟、肉质差，因此他们特别注意早熟、易肥的中国猪，千方百计地引入中国华南猪以改良他们本地的猪种，育成了罗马猪。罗马猪对于近代西方著名猪种的育成起过很大作用。

英国在18世纪初，引入中国的广东猪种。到18世纪后期，英国本地种猪已趋于绝迹，代之的是具有中国猪血统的猪种了。例如，大约克夏猪，又名英国大白猪，是英国最著名的腌肉用猪。这种猪是用中国华南猪和英国约克夏地方的本地猪杂交改良而成的。1818年这种猪曾被称为"大中国种猪"，以示不忘根本。英国的巴克夏猪和中国猪的血缘关系最深。美国的波中猪也具有中国猪的血统。白色折斯特猪是在1817年用中国华南白色猪改良育成的。现今世界上许多著名猪种几乎都含有中国猪的血统。正如达尔文说的："中国猪在改进欧洲品种中，具有高度的价值。"

阉割术的发明

阉割术的发明，是畜牧兽医科学技术发展史上的一件大事。据考证，商代甲骨文中就已有关于猪阉割的记载。目前中国民间流行的小母猪卵巢摘除术，手术过程一般只需一两分钟，而且术前不需麻醉，术后不需缝合。手术器械简单（只要一把刀和少量消毒药品），手术部位正确，创口比较小，手术安全，无后遗症，随时随地都能进行手术。阉割术是古代劳动人民留下的一份宝贵遗产。

国外畜牧兽医界对中国猪的阉割技术经验十分重视。在丹麦哥本哈根农牧学院所筹建的一所兽医博物馆里,陈列了很多兽医器械,其中有一件是用于给三周龄小猪阉割的工具。它是 18 世纪末由一位瑞士商人从中国带到欧洲去的。丹麦哥本哈根农牧学院兽医系主任佛里德瑞克·埃尔文斯教授认为:"中国高度发达的文明,在很多方面走在欧洲文化的前头。中国和欧洲之间很早就有了接触。中国兽医器械的发明,说明中国兽医器械的制造对欧洲同类器械制造的影响是深远的。在李约瑟的巨著《中国科学技术史》一书中,已说明了这一点。"

日本人川田熊清专门研究过中国古代马的阉割术,认为世界上马的阉割,以中国为最早。《周礼·夏官》"校人"的职掌中有"颁马攻特"之说,所谓"攻特",就是马的阉割。秦汉以前,骟马还不普遍,可能仅施行于凶恶不驯的马匹。到了秦汉之交,因为激烈的战争和骑战的盛行,需要有合乎军马条件的马匹,从此马的阉割术也就盛行起来了。

世界上最大的果树原产地

世界上 3 个最大最早的果树原产地，除了南欧之外，就是中国华北、华南以及与华南毗邻的地区。以华北为中心的原生种群，包含许多重要的温带落叶果树，其中包括桃、中国李、杏、中国梨、柿、枣和栗等。分布在长江流域以南的常绿果树，有柑橘、橙、柚和龙眼、荔枝、枇杷等。有些不仅原产于中国，而且到现在还是中国的特产。

桃原产于中国西北部，是中国古老的栽培果树之一。过去西方一直误认为它起源于波斯（今伊朗），所以桃在西方叫 Persica，意思是波斯果。桃的英文名称 Peach，也是由此衍变而来。经过考证和品种资源的调查，近年来已经公认桃是中国原产。桃在中国栽培已经有3000 多年的历史，《诗经·周南·桃夭》中有"桃之夭夭，灼灼其华"，描写桃树开花结果的情况。《尔雅》也有"旄，冬桃"的记载。其他文献上记载桃的就更多了。《齐民要术》上关于桃的特性、繁殖、栽培技术已经有比较详细的记载，可见当时桃树栽培技术已经相当发达。明代王象晋的《群芳谱》对于桃的品种叙述得比较详尽。

桃的野生种和近缘种，如山桃、甘肃桃等，在中国西部和西北部山区都已经发现。而现在桃的栽培品种的不同类型，如粘核和离核，软肉和硬肉，尖嘴和平顶，以及蟠桃和油桃两个变种，在中国栽培品种中都有。所以说桃起源于中国，是无可置疑的。

桃可能是在公元前 2—公元前 1 世纪时从中国西北沿"丝绸之路"经由中亚传入波斯的，再由波斯传到希腊，以后再传到欧洲各国。9 世纪以后栽培逐渐多起来，19 世纪后半期，日本、美国等又从中国引种水蜜桃和蟠桃，在这基础上培育出了许多新的品种。

柑橘类果树是一个综合名称，它包含很多的种、变种和栽培品种。经济意义比较大的有甜橙、橘、柚和柠檬 4 种。除了柠檬，其余 3 种都原产于中国。至于柑和橘严格说来没有截然的区别，学名都是 Citrus reticulata Blanco，除了果形有些差别，在生物学的习性上橘比较耐寒一些。

柑橘类在中国栽培的历史也是十分久远的，周代已经作为贡品，《禹贡》中就有记载，"厥包橘柚锡贡"。到了汉代已经大规模种植，《史记·货殖列传》上说，"蜀汉江陵千树橘"，收入可以比得上"千户侯"。后来宋代韩彦直写成了有关柑橘的专著《橘录》。以橘作为题材的文学著作，从《楚辞》的《橘颂》开始，多得数不清。可见它是深受中国人民喜爱的。

现在柑橘在中国栽培种植得很广，遍及长江流域以南 16 个省区。柑橘类果树虽然喜温，但是经中国历代劳动人民精心培育，提高了它的越冬性，成功地培育出了抗寒品种。在栽培上又总结出了用实生树引种驯化，提早进入休眠期，以及培土壅根等措施。中国古代已经知道果园的位置要选在避风、避霜的地方。这样虽然长江流域经常遭受到周期性冻害，但是柑橘种植业还是得到不断发展。明代俞宗本在《种树书》中就说过，"洞庭霜虽多，无所损，橘最佳，岁收不耗"。在欧洲，古代只有香橼供药用，10 世纪以后才见到酸橙和甜橙的名称。1545 年中国的甜橙第一次由葡萄牙人引种到里斯本，在这以后西方各国才开始大量栽培，逐步传播到世界各地。

纺　　织

　　中华民族是世界上最早脱离用树叶和兽皮遮体的民族。1926 年在山西夏县西阴村遗址，发现了半残的蚕茧，它是新石器时代的遗物，距今至少有 5000 年。以后又在距今 5000 年左右的浙江吴兴钱山漾遗址中，发现了一块绢片和一段丝带，证明这时中国已利用蚕丝织品了。中国是最早利用蚕丝的国家，丝织品在相当长的时期内是中国对世界的独特贡献。遗址中还发现了苎布，又在很多新石器时代遗址中发现了纺锤，说明中国的纺织史远远不止 5000 年。

　　中国历史上著名的"丝绸之路"、"海上丝绸之路"也说明了中国的纺织业的发达及对世界的巨大影响。

谁发明了养蚕缫丝？

传说黄帝战胜了凶恶的蚩尤，由小姑娘变成的蚕神便亲自手捧着两束洁白的丝，前来敬献给黄帝，向他表示祝贺，黄帝从来没有见过如此漂亮而罕见的东西，当时一见，十分高兴，忙吩咐皇后嫘祖，叫她用这丝来织绢。

嫘祖是位心灵手巧的女人，没多久，她就织了一匹又轻又软的绢。随后，她又用绢给黄帝做了一套礼服和一顶礼帽。黄帝则把剩下的绢赐给了大臣伯余，伯余拿它做了一套衣裳。后来，嫘祖亲自养育起蚕来，黄帝还下令让他的臣民种植桑树。就这样，蚕种不断地滋生繁衍，越来越多，遍及我们祖先居住的大地。它又一代一代地传下去，一直传到现代。

另有一则故事说：黄帝战胜了蚩尤，建立了部落联盟，大家一致推选黄帝为部落联盟的首领。一天，黄帝把他的大臣还有皇后嫘祖召集到一块儿，对他们说："以前，战争不断，咱们无力发展生产，更谈不上制作生活用品了。如今，天下太平了，咱们要种植五谷，制造工具，缝做衣裳。这种五谷、造工具的事，由我负责，这缝制衣服的事，由嫘祖操持，胡曹、伯余、于则，你们三人也帮着嫘祖多做些事情。"

嫘祖是位既聪明又能干的皇后。她听了黄帝的话，马上应道：

"请夫君放心，我一定要让大家都有衣服穿！"随后，她便吩咐辅助她做事的大臣："胡曹，你具体负责做帽子。伯余，你具体负责做衣服。于则，你具体负责做鞋。我带着人剥树皮，纺麻网，加工皮毛，为你们提供材料。"在嫘祖的操持下，很快，部落里的人全都穿上了合体的衣裳，戴上了漂亮的帽子，脚上也有了舒服的鞋子。可是，由于过度劳累，嫘祖却病倒了，好几天什么东西也吃不下。守护在她身边的侍女，想尽各种办法，为她做了可口的饭菜，而她见了，总是摇摇头，不想吃，黄帝和大臣们见嫘祖日渐消瘦，很是着急，但也没有办法。

后来，侍女们悄悄商量说："这里的饭菜也许是太没味道了，所以，皇后娘娘不愿意吃。咱们为什么不能上山去给她采摘点新鲜果子吃呢，也许她会喜欢吃的。"商量好了以后，第二天一早，她们留下一个看护嫘祖，其余的人都上了山。她们走遍了山山岭岭，跑遍了沟沟岔岔，但采摘到的野果不是苦，就是涩，没有一种觉得可口。天快黑了，侍女很沮丧，折腾了整整一天，什么果子也没找到，这可如何是好呢？大家垂头丧气地准备往回走。忽然，一位到河沟里找水喝的侍女高声喊叫起来："快来看哪，这小白果有多漂亮。"侍女们随着她的喊声跑了过去。她们惊异地发现，在河沟旁有一片桑树林，桑树上结满了雪白色的小果。她们以为找到了上等的果子，便欢呼着采摘起来。她们太高兴了，竟忘了品尝。等到拿回宫去用嘴一咬，才知道这小白果根本咬不动，而且什么滋味也没有。侍女们愣了，你看我，我看你，谁也不知如何是好。这时，一位名叫共鼓的大臣恰巧从这几位侍女面前走过，见此情形，忙问发生了什么事。侍女便把事情的原委向他说了一遍。共鼓一听随口说道："咬不动有什么关系，用水煮熟了，不就能咬动了吗！"侍女们一听，觉得很有道理，便忙拿来瓦罐，放上水，把白果倒进水里，烧火煮起来。可是，煮了好一阵子，还是咬不动。有位侍女急了，便拿起一根细木棍，在罐里乱搅起来。搅了一阵，搅累了，她想把木棍拽出来。谁知，木棍上缠绕着许多像头发那样粗细的白丝线。

这种新奇事被嫘祖知道了，她强撑着让人把她扶到瓦罐旁。嫘祖仔细看着罐里连着罐外、罐外连着木棍的白丝线，笑了，说："姑娘们，这果子虽然不能吃，却可以派上大用场。如果用这细丝织成布，那做出来的衣服准保又舒服又漂亮。"说来也怪，嫘祖见了白丝线，病竟然不治而愈了。第二天，嫘祖便让侍女们领着来到了那片桑树林。经过观察发现，那白果子并不是树上结出来的。它是一条蠕动的虫子口中吐出的细丝绕织而成的。嫘祖给这虫子取名为"蚕"，给它织成的白果子取名为"茧"。自此以后，栽桑、养蚕、缫丝、织绸、制衣就在嫘祖的领导下开始了。后人为了纪念嫘祖的功绩，尊称她为"先蚕娘娘"，有的地方还建庙祭祀她。

这些美丽而动听的传说，虽然不足以作为养蚕、缫丝、织绸、制衣的论据，但它却至少说明，中国最早是用野蚕丝织造丝绸的，后来才改用家蚕丝。丝绸的出现比棉布要早得多，大约在上古时代，就有了原始的蚕丝利用技术。

关于这一点，史书上也多有记载。《尚书·禹贡》中便说：在大禹统治中国的时候，是按各地土地的出产，确定贡赋的。当时的兖州、青州、徐州、豫州，东至山东半岛，南到江淮流域，都种桑出丝。他们的贡赋，除了丝之外，还有用竹筐装着的彩绸。在商代的甲骨文中，早就有了"丝"、"桑"、"帛"等字样，这表明，丝绸的织造，在那时已具有十分重要的意义。

这些古代的文献记载，已被出土的大量文物所证明。1926年春，考古工作者在山西夏县西阴村的新石器时代遗址中，曾发现一个用某种工具切割开来的蚕茧，它的样子很像半个花生壳。1958年，在远离西阴村几千公里之遥的浙江吴兴钱三漾新石器时代遗址中，考古工作者竟发掘到一些丝织品，其中有绢片、丝带、丝线等。1950年，在河南安阳殷墟遗址中，考古工作者还发现，有的青铜器上还黏附着织造精美的细绢。由此可以断定，早在5000多年前，中国的蚕桑丝织事业便兴起了。

那么，是谁最早创造这一技术的呢？是中国勤劳、智慧的人民，嫘祖不过是当时劳动人民的集中代表。

在5000多年前，人们都是靠打猎、采集野果和捡鸟蛋来维持生活。有一次采摘桑葚时，有人顺手把野蚕结的茧摘了回来。他把茧放在嘴里咀嚼着，茧里的蛹被他嚼碎了，蛹汁被他吸食了出来。"真是太香了，味道好极了"，嚼茧的人心里说。他实在舍不得扔掉这美味，就像现在的人们嚼口香糖一样，不停地咀嚼。终于什么滋味也没有了，他才恋恋不舍地把它吐了出来。由于唾液的浸润和牙齿的研磨，他放在口中那坚韧的茧壳已经变得又松又软。因此，当他把茧壳从口中取出来时，用手一撕扯，茧壳便成了一小团散乱的丝纤维。这奇怪的现象给了人们很大的启发，他们便上山摘来野蚕茧，放到锅里煮，然后用木棍搅和，白白的细丝便被抽取出来。再往后，他们又开始饲养家蚕，用家蚕结的茧来缫丝织绸，制作衣裳。

最初的丝线虽然非常粗糙，但为后来利用蚕丝线奠定了基础。

世界栽桑、养蚕、丝织最早的国家

中国是世界上栽桑、养蚕、丝织最早的国家。中国古代劳动人民发明了栽桑养蚕的技术，在长期的生产实践中，不断发展和提高，并先后传播到世界各国。养蚕取丝是中国古代劳动人民开发利用生物资源取得伟大成就的最显著例子之一，这是中国对世界的一项卓越贡献。

中国古代养蚕具有悠久的历史。

据传说，养蚕织丝是黄帝的妻子嫘祖发明的。这一传说说明，中国蚕桑生产的确有非常悠久的历史。考古发现证明，中国最迟在距今4000多年前，就已经有比较发达的蚕桑丝织生产了。

蚕原是野生在自然生长的桑树上的，以吃桑叶为主，所以也叫桑蚕。在桑蚕还没有被驯养之前，我们的祖先很早就懂得利用野生的蚕茧抽丝了。到了周代，栽桑养蚕已经在中国南北广大地区蓬勃发展起来。丝绸已经成为当时统治阶级服装的主要原料。养蚕织丝是妇女的主要生产活动。

现在我们还可以在战国时期铜器上的采桑图中看到古代劳动妇女提篮采桑的生动形象，也可以看到当时栽种的乔木式和灌木式两种桑树。据《诗经》、《左传》、《仪礼》等古书记载，当时蚕不仅已经养在室内，而且已经有专门的蚕室和养蚕的器具。这些器具包括蚕架

（"桋"或"槌"）、蚕箔（"曲"）等。由此可见，到商周时期，中国已经有了一套比较成熟的栽桑养蚕技术。

战国时期的《管子·山权数篇》中说："民之通于蚕桑，使蚕不疾病者，皆置之黄金一斤，直食八石，谨听其言，而藏之官，使师旅之事无所与。"这是说，群众中有精通蚕桑技术、能养好蚕、使蚕不遭病害的，请他介绍经验，并给予黄金和免除兵役的奖励。中国古代劳动人民在长期的养蚕生产实践中，不断有所创造和发明，为世界养蚕业积累了极其丰富和宝贵的经验。

中国古代有很多记述栽桑养蚕技术的书。汉代曾经提到中国古代有《蚕法》、《蚕书》、《种树藏果相蚕》等蚕桑著作。可惜，这些古籍都已经失传了。但是从汉代以来，2000多年中，仍然留下了不少有关蚕桑的古籍，如《氾胜之书》、《齐民要术》、《秦观蚕书》、《豳风广义》、《广蚕桑说》、《蚕桑辑要》、《野蚕录》、《樗茧谱》等，有专讲蚕桑的，有讲到蚕桑的。这些书记下了中国历代劳动人民栽桑养蚕的丰富经验。

要发展养蚕，就必须繁殖桑树，发展桑园。早在西周，人们就利用撒种来繁殖桑树。最迟到南北朝时期，压条法已经应用在桑树繁殖上。压条法用桑树枝条来繁殖新桑树，比用种子播种缩短了许多生长时间。宋元以来，中国南方蚕农便发明了桑树嫁接技术，这是一种先进的栽桑技术，它对旧桑树的复壮更新，保存桑树的优良性状，加速桑苗繁殖，培育优良品种，都有重要的意义，到现在还在生产中发挥着重要作用。

桑叶是家蚕的主要食料，桑叶的品质好坏，直接关系到蚕的健康和蚕丝的质量。中国很早就发明了修整桑树的技术。早在西周，就已经有低矮的桑树，这样的桑树便于采摘桑叶和管理。更重要的是这样的桑树枝嫩叶肥，适宜养蚕。

而桑树修整技术不断发展提高，桑树树形也不断变化，由"自然型"发展为高干、中干、低干和"地桑"，由"无拳式"发展为

"有拳式"。质量优良的桑叶，只能在新生的枝条上生长，通过修整，剪去旧枝条，可以促使新枝条发生。新生枝条吸收了大量的水分、养分，使叶形肥大，叶色浓绿，既增加产量，又提高叶质，这就有利于养蚕生产。这也是中国古代劳动人民的独特创造。

制备蚕种，是养蚕生产的一个重要环节。至少在1400多年前，蚕农就已经注意蚕种的选择工作了。《齐民要术》说："收取茧种，必取居簇中者。近上则丝薄，近下则子不生也。"选种包括选蚕、选茧、选蛾和选卵4项。但是最初人们选种的时候并没有完全包括这4项。《齐民要术》只是提到要选取"居簇中"的茧留作种。宋末以来，人们已经进一步从各个角度，如茧的质量，成茧的时间和位置，蛾出茧的时间，蛾的健康状态，以及卵的健康状态等，来选取种茧、种蛾和种卵。到清代，人们更注重选蚕，他们知道只有"蚕无病，种方无病"。

古人也认识到蚕的生长发育和周围环境有密切关系。早在秦汉时期，人们就知道：适当的高温和饱食有利于蚕的生长发育，可以缩短蚕龄；反过来就不利于生长发育，并且要延长蚕龄。历代蚕农都非常重视控制蚕生活的环境条件。在长期的养蚕生产中，中国古代蚕农积累了丰富的防治蚕病的经验。他们采取了许多卫生措施、药物添食以及隔离病蚕等办法，来防止蚕病的发生和蔓延。家蚕经过历代人民长期的饲育和选择，性状发生了很大变化，在各个历史时期和各个地区，形成了各种类型的品种。宋元时期，虽然中国北方主要还是饲育一化性的三眠蚕，但是在南方已经主要饲养一化性或二化性的四眠蚕了。三眠蚕抗病能力比四眠蚕强，容易饲养，但是从蚕丝生产角度看，四眠蚕的茧丝比三眠蚕优良。经过长期培育，中国南方江浙地区终于成功地饲养了四眠蚕，并且培育出了许多优良品种。难饲养的四眠蚕的饲育成功和推广，是养蚕生产上的一个进步。

为了发展蚕丝生产，中国古代除了饲养春蚕外，还饲养夏蚕、秋蚕，甚至一年里养多批蚕。为了一年能养多批蚕，古人除了利用多化性自然传种外，在 1600 多年前，还发明了低温催青制取生种的方法。这样，一种蚕就可以在一年里连续不断孵化几代，为能在一年里养多批蚕创造了有利的条件。这是中国古代养蚕生产技术上的又一项重要创造。

中国也是世界上最大的生产柞蚕丝的国家。柞蚕，也叫山蚕或野蚕。它以吃柞树叶为主。中国山东半岛是柞蚕的发源地。那里的人民很早就利用柞蚕丝。到了明代，用柞蚕丝织绸制衣，已经风行全国。

世界上所有养蚕的国家，最初的蚕种和养蚕方法，都是直接或间接从中国传去的。中国古代劳动人民生产的美丽的丝绸，很早就源源不断地运往波斯、罗马等地。西汉建元三年（前 138 年），汉武帝派遣张骞出使西域，最远曾到达中亚细亚。中国古代的丝绸，大体就是沿着张骞出使西域的道路，从昆仑山脉的北麓或天山南麓往西穿越葱岭（帕米尔），经中亚细亚，再运到波斯、罗马等国。这就是闻名世界的"丝绸之路"。后来蚕种和养蚕方法也是由新疆经"丝绸之路"传到阿拉伯、非洲、欧洲去的。

古代的织机和提花机

古代的织机

关于原始织布机的具体型制，目前还缺乏更多的实物依据。1975年，浙江余姚河姆渡新石器时代遗址，出土了纺专、管状骨针、打纬木刀、骨刀、绕线棒等纺织工具。这是距今 6000 多年前已有最早的原始织机的佐证。

原始的织布方法，古时称作"手经指挂"。云南晋宁石寨山遗址曾出土贮贝器盖上所塑造的原始织机的图像。这是一幅奴隶们为滇族奴隶主织布的生产活动场面。织布女奴穿着粗布对襟服，腰束一带，席地而织，用足踩织机经线木棍，右手持打纬木刀在打紧纬线，左手在做投纬引线的姿态。女奴弯着腰在吃力地织着布匹。这种织机可以称作踞织机或腰机。从那上面的图像看，这种原始织机已经有了上下开启织口、左右穿引纬纱、前后打紧纬密 3 个运动方向。它是现代织布机的始祖。

后来，人们在织布的生产实践中又逐步革新创造了脚踏提综的斜织机。斜织机的生产率比原始织机一般可以提高 10 倍以上，可以大幅度地提高布帛产量。据史籍记载，战国时期诸侯间馈赠的丝绸数量比春秋时期多得多。秦汉之际，斜织机在中国黄河流域和长江流域的广大地区已经比较普遍，在农村已广泛地采用了这种脚踏提综的织机。而作为织布工具的重大革新之一的梭子进一步提高了织造的速度，一直为后世所沿用。后来，织机又不断地得到改良。宋末元初，木匠出身的薛景石著《梓人遗制》，在这部著作中，给我们留下了立机子、华机子、罗机子和布卧机子等织机的具体型制，并且标明了装配尺寸，阐明了结构间的相互关系和作用原理。《梓人遗制》中的立体图，使人一目了然，使制造织机的木工"所得可十之九矣"。这部纺织科学技术史上的重要著作，是研究织机发展史的珍贵资料。

薛景石从长期的织机修造中积累了丰富经验，总结了各家之长，经过辛勤劳动，终于完成了这部图文并茂的关于织机制造的著作。他对织机中的"每一器必离析其体而缕数之"，就像今天工厂里设计机器一样，既绘有零件图，又有总体装配图，并且说明了每个零件的尺寸大小和安装部位，正如序言中所说："分则各有其名，合则共成一器。"如罗机子是织造各种轻薄透明花罗织物的织机，在《梓人遗制》中绘制得相当清楚。而《梓人遗制》中对于华机子和布卧机子的结构原理的说明，在有些地方比明代徐光启的《农政全书》和宋应星的《天工开物》中的腰机和织罗机要详尽。

由于织布机上开口、投梭、打纬3个主要运动的进一步完善，织布的产量和质量大为提高。薛景石在实践中创制的各种织机和织具，在山西潞安州（今山西长治一带）名噪一时。潞安州地区，由于推广了薛景石制造的织机，原来已经非常发达的纺织业就更加向前发展了，已经和长江流域的江浙地区并驾齐驱，有"南松江，北潞安，衣天下"的说法。

最早的提花机

提花机是织造提花织物的机械。中国古代能织造五彩缤纷的纺织品，这是和提花机的发明和使用分不开的。早在4000多年前，中国古代劳动人民就已经织出了具有简单几何图案的斜纹织品。在河南安阳殷墟大司空村的殷商王族墓葬中，就曾经发现了几何回纹提花丝织品痕迹。到了周代，已经能织造多色提花的锦了。

秦汉之际，丝绸业更加繁荣发达。朝廷设置了东西织室和服官，出现了拥有几千名织工的手工业工场。丝绸提花技术达到了相当高的水平。长沙马王堆汉墓出土文物中有一批对鸟纹绮，花卉、水波纹、夔龙、游豹纹锦，以及第一次发现的绒圈锦，它是现代漳绒、天鹅绒等绒类织物的先驱，是提花纹锦的重要发展标志。

关于西汉的织绫锦情况，《西京杂记》有一段记载："霍光妻遗淳于衍……蒲挑锦二十四匹，散花绫二十五匹。绫出巨鹿陈宝光家，宝光妻传其法，霍显召入其第，使之。机用一百二十镊，六十日成一匹，匹直万钱。"由于《西京杂记》的记载太简单了，陈宝光的妻子所用的提花机的具体型制很难推测。三国曹魏初年扶风（今陕西兴平）的马钧，少年时看到提花机非常复杂，生产效率很低，挽花工的劳动强度很大，"乃思绫机之变，不言而世人知其巧矣"。他对提花机进行了革新，其后织成的提花绫锦，不仅花纹图案奇特，而且提高了提花机的生产效率，但没有更多的资料来说明马钧革新提花机的具体型制。

现在我们所知道的最具体、最完整的古代提花机型制，是记载在明代宋应星的《天工开物·乃服篇》里："凡花机通身度长一丈六尺，隆起花楼，中托衢盘，下垂衢脚……提花小厮坐立花楼架木上。机末以的杠卷丝。中用叠助木两枝，直穿二木，约四尺长，其尖插于筘两头。"这里所谓"衢盘"今称目板，所谓"衢脚"今称下柱，"的杠"是经轴，"叠助木"是打筘用的压木。凡制织绚丽多彩的四川蜀锦和南京云锦都用这种提花机，在现今的历史博物馆里可以看到它的具体结构。

流行世界的中国丝绸

中国丝绸是流行世界的传统产品。中国古代在长期生产丝绸的过程中，曾经创造出在古代世界最高水平的纺织技术，对世界纺织科学的发展产生过相当深远的影响，是中国和世界珍贵的科学文化遗产中重要的一部分。

中国历来都很重视丝绸的生产。在殷商的甲骨文里，已经有丝桑帛的字样，说明丝绸的织造到殷商时期已经在社会生产中占据了一定的地位。周秦以后，丝织业更加发达。有些朝代还明确规定：有条件发展蚕桑的地区，各个农户都要种植若干亩桑田，缴纳丝绸，作为赋税，因而历代丝绸的产量也不断提高。各个时期的生产总数虽然已经无从稽考，但是从现在所知道的个别极不完整的统计数据中，也能看出大概情况。据文献记载，汉武帝在山西和山东的一次巡狩中就"用帛百余万匹"（《汉书·食货志》），宋高宗每年仅在两浙地区征收和收购的丝绸，就达117万多匹。

中国古代织造的丝绸，一直都是以精致华美见称的。它不仅是中国各个时期主要的衣着原料之一，也是中国古代对外贸易的重要商品。在很早的时候，丝绸就不断地通过中国西北的"丝绸之路"和东南沿海港口，远销西亚和欧非两洲，极受西方国家人们的欢迎。古代罗马和埃及都把中国丝绸看做"光辉夺目、人巧几竭"的珍品，以能穿着这种珍品为荣。据西方历史记载：罗马恺撒大帝曾经穿过一件中国丝袍在剧场看戏，引起全场的钦羡，被看做是绝代的豪华。许多国家的商人都经营中国的丝绸，因为远途运输，售价极高，有时每磅丝料的价格竟高达黄金12两。直到13世纪，中国丝绸仍是西方市场的畅销品。

中国丝绸的品种丰富多彩，最有代表性的是锦、纱、罗、绫、缎、绒、绸、缂丝等。

什么是锦？中国古代所说的锦更多的是指用联合组织或复杂组织织造的重经或重纬的多彩丝织物。这种重经或重纬的织物织起来难度比较大，是古代最贵重的织品。所以古代又有这样的说法："锦金也，作之用功重，其价如金。"把它和黄金等价。

中国古代的纱，从组织来说可以分两种：一种是同现在的冷布相似的平纹稀经密的织物，唐代以前叫方孔纱；一种是和罗同属于纱罗组织的、把经线分为地经和绞经互绞，但是密度比较小的织物，有两经相绞的，有三经相绞的。南北朝以前都是素织，从唐代起有花织，使用提花设备提花。现代的罗大概是在明代开始出现的，古代的罗比较疏松，现在的罗比较结实，各有优点。

绫是斜纹组织的织物。斜纹组织的特点是使织物的经纬浮点呈现连续斜向的纹路。绫也有斜向的纹路，但是又和一般的斜纹不同，多半呈现山形斜纹或正反斜纹。

据中国古书《释名》说："绫，凌也。其纹望之如冰凌之理也。"冰的纹理呈"∧"形，具备摇曳的光泽，绫的特点正是这样。缎属于缎纹组织。缎纹组织是在斜纹的基础上发展起来的，但是没有明显的斜路。它的织造特点是织物的各个单独浮点比较远，并且被它两旁的经纬纱的长浮点遮蔽，不仅使整个幅面具有平滑光泽和强烈的立体感，而且可以防止出现底色混浊的现象，最适宜织造多种复杂颜色的纹样。

绒是起毛组织的织物。中国古代的绒都是经起绒，把经线分为地经和绒经两部分：地经专织地子，绒经起绒。每织三四梭地子才起一梭绒经，并且把预先备下的篾丝或金属丝插入梭口，使绒经呈现凸起的圆圈，然后用刀割开，就可以形成丝绒。明代以后织造的绒，以福建漳州的最著名，有漳绒、漳缎和天鹅绒几种。

绸是中国丝织物中出现最早的一个品种，属于平纹组织，由两根经纱和两根纬纱组成一个循环，各用一根交错织成。最初大概都是素织，专用短的纺丝作原料。宋代以后常常也有用精丝在平纹地上起本色花的，叫暗花绸，并且把所有细薄的单色丝织物都叫做绸，而把用纺丝织的，专叫纺绸。

缂丝可能是历史上最古老的大花纹织物。缂丝也属于平纹组织，但是只有经线和一般的平纹织物相同，纬线并不完全相同，不是只用一把梭子通投到底，而是根据花纹的不同色彩，把每梭纬线分成几段的断纬，用若干小梭分织。缂丝的组织从织造的角度看，是比较简易的，但因为是断纬，便可以随心所欲地织造，可以织出十分细致的图案。特别是宋代以后，随着中国绘画艺术的进一步成熟，还发展成和画卷几乎没有分别的缂丝画，常常把许多非常精美的绘画完整无缺地、不爽毫厘地织进去，成为驰名中外的工艺品。

中国古代的丝织技术曾经不断地向外输出，对世界纺织技术的发展起了重大作用。

中国的丝织技术，早在公元前就和世界发生了关系，首先是日本。大约在秦和西汉时期，中国的缂丝织绢和织罗技术就相继传入日本，日本传说中的兄媛、弟媛、吴服、穴织4个人物，就是在这样的背景下产生的。

同时，在张骞开通西域之后，中国的丝织品沿着丝绸之路源源不断地运往西方，使中亚细亚和欧洲的一些国家对中国的丝织物有了比较深刻的认识。西方古代的纤维原料，主要是亚麻和羊毛，生产出来的织物都很粗糙厚重。由于看到了中国的丝绸比较细薄，才有所改变，常常拆取中国丝织物的色丝加杂亚麻和羊毛重新织造。

　　南北朝时期，曾经有不少外国人来中国观光学习。据西方有关资料记载，波斯就专门派遣了两个使者前来了解丝绸的织造技术，并且搜集蚕种带回试养。日本也专门派人在浙江沿海招募丝织技工，去日本传授技术。之后，中国丝织技术对外影响更加显著。尤其是花机和花本的利用对欧洲产生了重大影响。西方在6世纪以前还不会织造大花纹的丝织物，直到六七世纪，才辗转得到中国花机和花本的构造方法，开始织出比较复杂的提花织物，后来一直沿用下来。即使是现在，世界各国通用的龙头机也和中国的花机有着极其密切的关系。

建　　筑

　　中华民族最早的建筑应该是远古的有巢氏建造的。这类建筑已无从考证。最早的建筑遗址应该是新石器时代的西安半坡遗址和浙江余姚河姆渡遗址。这两处遗址距今都有7000余年。

　　从河姆渡栏杆式木构建筑的榫卯技术来看，当时中国先民的建筑技术已达到很高水平。

　　在以后的历史长河中，中华民族的建筑艺术自成体系，不断完善发展，如秦汉皇宫、长城、元明清时的紫禁城（今故宫），园林艺术已达到了世界建筑的顶峰。

中华民族的骄傲
——长城

　　长城是中华文明的瑰宝，是世界文化遗产之一，也是与埃及金字塔齐名的建筑，是人类的奇迹。在 2000 多年前，中国劳动人民以血肉之躯修筑了万里长城。长城是中国古代劳动人民智慧的结晶，也是中华民族的象征。

　　春秋战国时期，各诸侯国为了防御别国入侵，修筑烽火台，并用城墙连接起来，形成了最早的长城。以后历代君王几乎都加固增修长城。它因长达几万里，故又称作万里长城。据记载，秦始皇征发了近百万劳动力修筑长城，占全国总人口的 1/20。当时没有任何机械，全部劳动都由人力完成，工作环境又是崇山峻岭、峭壁深壑，施工十分艰难。我们今天所指的万里长城多指明代修建的长城，它西起中国西部甘肃省的嘉峪关，东到中国东北辽宁省的鸭绿江边，长 635 万米。

　　长城像一条矫健的巨龙，越群山，经绝壁，穿草原，跨沙漠，起伏在崇山峻岭之巅，黄河彼岸和渤海之滨。古今中外，凡到过长城的人无不惊叹它的磅礴气势、宏伟规模和艰巨工程。长城是一座稀世珍宝，也是艺术非凡的文物古迹，它象征着中华民族坚不可摧永存于世的伟大意志和力量，是中华民族的骄傲，也是整个人类的骄傲。

　　约公元前 220 年，一统天下的秦始皇，将修建于早些时候的一些断续的防御工事连接成一个完整的防御系统，用以抵抗来自北方的侵略。在明代，又继续加以修筑，使长城成为世界上最长的军事设施。在文化艺术上的价值，足以与其在历史和战略上的重要性相媲美。

"固地形，用险制塞"是修筑长城的一条重要经验，在秦始皇的时候已经肯定了它，接着司马迁又把它写入《史记》之中，之后的每一个朝代修筑长城都是按照这一原则进行的。凡是修筑关城隘口都是选择在两山峡谷之间，或是河流转弯之处，或是平川往来必经之地，这样既能控制险要，又可节约人力和材料，以达"一夫当关，万夫莫开"的效果。修筑城堡或烽火台也是选择在险要之处。至于修筑城墙，更是充分地利用地形，如像居庸关、八达岭的长城都是沿着山岭的脊背修筑，有的地段从城墙外侧看去非常险峻，内侧则非常平缓，有易守难攻的效果。在辽宁境内，明代辽东镇的长城有一种叫山险墙、劈山墙的，就是利用悬崖陡壁，稍微地把崖壁劈削一下就成为长城了。还有一些地方完全利用危崖绝壁、江河湖泊作为天然屏障，真可以说是巧夺天工。长城，作为一项伟大的工程，成为中华民族的一份宝贵遗产。

中华民族的瑰宝
——紫禁城

　　紫禁城又名故宫，南北长961米，东西宽753米，占地面积达720 000平方米，有房屋980座，共计8704间，四面环有高10米的城墙和宽52米的护城河。城墙四面各设城门一座，其中南面的午门和北面的神武门现专供参观者游览出入。城内宫殿建筑布局沿中轴线向东西两侧展开，红墙黄瓦，画栋雕梁，金碧辉煌，殿宇楼台高低错落、壮观雄伟，朝暾夕曛中，仿若人间仙境。城的南半部以太和殿、中和殿、保和殿三大殿为中心，两侧辅以文华殿、武英殿两殿，是皇帝举行朝会的地方，称为"前朝"。北半部则以乾清宫、交泰殿、坤宁宫三宫及东西六宫和御花园为中心，其外东侧有奉先、皇极等殿，西侧有养心殿、雨花阁、慈宁宫等，是皇帝和后妃们居住、举行祭祀和宗教活动以及处理日常政务的地方，称为"后寝"。此外还有斋宫、毓庆宫，重华宫等，前后两部分宫殿建筑总面积达163 000平方米。整组宫殿建筑布局严谨，秩序井然，寸砖片瓦皆遵循着封建等级礼制，映现出帝王至高无上的权威。

　　紫禁城其名称系借喻紫微星坛而来。中国古代天文学家曾把天上的恒星分为三垣、二十八宿和其他星座。三垣包括太微垣、紫微垣和天市垣。紫微垣在三垣中央。中国古代天文学说，根据对太空天体的长期观察，认为紫微垣居于中天，位置永恒不变，因此成了代表天帝的星座，是天帝所居。因而，把天帝所居的天宫谓之紫宫，有"紫微正中"之说。而"禁"则意指皇宫乃是皇家重地，闲杂人等不得来此。

封建皇帝自称是天帝的儿子，自认为是真龙天子，而他们所居住的皇宫，被比喻为天上的紫宫。他们更希望自己身居紫宫，可以施政以德，四方归化，八面来朝，达到江山永固，以维护长期统治的目的。

北京紫禁城筹建于明成祖永乐四年（1406 年），永乐十八年（1420 年）建成。整个营造工程由侯爵陈圭督造，具体负责的是规划师吴中。从明永乐五年（1407 年）起，明成祖集中全国匠师，征调了二三十万民工和军工，经过 14 年的时间，建成了这组规模宏大的宫殿群。清朝沿用以后，只对部分进行重建和改建，总体布局基本上没有变动。

北京紫禁城是蒯祥及以蒯祥带领的香山帮匠人集体营造的。蒯祥充当了鲁班的角色，是总设计师。

蒯祥是苏州香山渔帆村人。香山是山名又是地名，今属苏州胥口镇。香山是"吴中第一峰"穹隆山的余脉，高仅 120 米，虽矮，但地处幽雅、风光旖旎。香山帮以木匠领衔，是一个集木匠、泥水匠、石匠、漆匠、堆灰匠、雕塑匠、叠山匠、彩绘匠等古典建筑中全部工种于一体的建筑工匠群体。

明永乐年间，蒯祥设计营造了紫禁城、天安门和午门。明正统年间，他领导过重建三大殿、五府、六部衙署和御花园的建设。京城中文武诸司的营建，也大都出于他手。这些建筑物奠定了明清两代宫殿建筑的基础。

紫禁城经过明清两代不断改建、添建，尤其是明代嘉靖时期的改建和清代乾隆年间的改建，使紫禁城最终形成今日之建筑规模。紫禁城的建筑集中国古代宫殿建筑之大成，从中可领略到中华五千年建筑文化的丰厚积淀。

　　中国古代建筑有其独特的艺术特点，紫禁城建筑的对称布局、院落组合、空间安排、单体建筑、建筑装修、室内外陈设、屋顶形式以及建筑色彩等，都体现出中国古代建筑的艺术特征，从中可了解和欣赏到中国古代建筑之美。紫禁城不仅在总体规划、单体建筑设计等方面取得了极高的艺术成就，在建筑色彩运用方面也堪称中国传统建筑艺术的代表。

　　紫禁城的色彩设计中广泛地应用对比手法，形成了极其鲜明和富丽堂皇的总体色彩效果。人们经由天安门、午门进入宫殿时，沿途呈现的蓝天与黄瓦、青绿彩画与朱红门窗、白色台基与深色地面的鲜明对比，给人以强烈的艺术感染力。

桥的国度

中国是桥的故乡，自古就有"桥的国度"之称。中国的桥发展于隋，兴盛于宋。遍布在神州大地的桥编织成四通八达的交通网络，连接着祖国的四面八方。中国古代桥梁的建筑艺术，有不少是世界桥梁史上的创举，充分显示了中国古代劳动人民的非凡智慧。

福建泉州洛阳桥

洛阳桥原名万安桥，位于福建省泉州东郊的洛阳江上，是中国现存最早的跨海梁式大石桥。宋代泉州太守蔡襄主持建桥工程，从北宋皇祐四年（1052 年）至嘉祐四年（1059 年），耗银 1400 万两，建成了这座跨江接海的大石桥。桥全系花岗岩砌筑，初建时桥长 1200 米，宽 5 米，武士造像分立两旁。造桥工程规模巨大，工艺技术高超，名震四海。建桥 900 余年以来，先后修缮 17 次。现桥长 731.29 米、宽 4.5 米、高 7.3 米，有 44 座船形桥墩、645 个扶栏、104 只石狮、1 座石亭、7 座石塔。桥之中亭附近历代碑刻林立，有《万古安澜》等宋代摩岩石刻；桥北有昭惠庙、真身庵遗址；桥南有蔡襄祠，著名的蔡襄《万安桥记》宋碑，立于祠内，被誉为书法、记文、雕刻"三绝"。洛阳桥是世界桥梁筏形基础的开端，为全国重点文物保护单位。

河北赵州桥

赵州桥又叫安济桥，坐落在河北省赵县城南 2.5 公里的洨河上。赵县古时曾称作赵州，故名。赵州桥是隋朝石匠李春设计建造的，距今已有近 1400 年，是世界现存最古老、最雄伟的石拱桥。赵州桥只用单孔石拱跨越洨河，石拱的跨度为 37.7 米，连南北桥堍（桥两头靠近平地处），总共长 50.82 米。采取这样巨大的跨度，在当时是一个空前的创举。更为高超绝伦的是，在大石拱的两肩上各砌两个小石拱，从而改变了过去大拱圈上用沙石料填充的传统建筑样式，创造出了世界上第一个"敞肩拱"的新式桥型。这是一个了不起的发明。像赵州桥这样古老的大型敞肩石拱桥，在世界上相当长的时间里是独一无二的。在欧洲，14 世纪时，法国泰克河上才出现类似的敞肩的赛雷桥，比赵州桥晚了 700 多年，而且这座桥早在 1809 年就毁坏了。隋代著名石匠李春的杰出贡献在世界桥梁建筑史上永放光辉。

北京卢沟桥

卢沟桥位于北京西南郊的永定河上，属联拱石桥。该桥始建于金大定二十九年（1189 年），建成于明昌三年（1192 年），元、明两代曾经修缮，清康熙三十七年（1698 年）重修。卢沟桥全长 212.2 米，有 11 孔。各孔的净跨径和矢高均不相等，边孔小，中孔逐渐增大。全桥有 10 个墩，宽度为 5.3~7.25 米不等。桥面两侧筑有石栏，柱高 1.40 米，各柱头上刻有石狮，或蹲或伏，或大抚小，或小抱大，共有 485 只。石柱间嵌石栏板，高 85 厘米，桥两端各有华表、御碑亭、碑刻等，桥畔两头还各筑有一座正方形的汉白玉碑亭，每根亭柱上的盘龙纹饰雕刻得极为精细。卢沟桥以其精美的石刻艺术享誉于世。卢沟桥久已闻名中外。意大利人马可·波罗的《马可·波罗行纪》一书，对这座桥有详细的记载。1937 年七七事变在此发生，是日本帝国主义全面侵华的开始，卢沟桥因此成为具有历史意义的纪念性建筑物。

广东潮州广济桥

广济桥又称湘子桥，位于广东省潮安县潮州镇东，横跨韩江。该桥始建于南宋乾道六年（1170年），潮州知军州事曾汪主持建西桥墩，于宝庆二年（1226年）完成。知军州事沈崇禹主持建东桥墩，到开禧二年（1206年）完成。全桥历时57年建成，全长515米，分东西两段18墩，中间一段宽约百米，因水流湍急，未能架桥，只用小船摆渡，当时称济州桥。明宣德十年（1435年）重修，并增建5墩，称广济桥。正德年间，又增建1墩，总共24墩。桥墩用花岗石块砌成，中段用18艘梭船连成浮桥，能开能合。当大船、木排通过时，可以将浮桥中的浮船解开，让船只、木排通过，然后再将浮船归回原处。这是中国也是世界上最早的一座开关活动式大石桥。广济桥上有望楼，为中国桥梁史上所仅见。广济桥与赵州桥、洛阳桥、卢沟桥并称中国古代四大名桥，属于全国重点文物保护单位，是中国桥梁建筑中的一份宝贵遗产。

福建泉州安平桥

安平桥是中国现存最长的古代石桥，享有"天下无桥长此桥"之誉。安平桥位于中国福建省泉州晋江安海镇和泉州南安水头镇之间的海湾上，因安海镇古称安平道，由此得名；又因桥长约五里，俗称五里桥。安平桥属于中国古代连梁式石板平桥，始建于南宋绍兴八年（1138年），前后历经13年建成，明清两代均有修缮。目前，桥全长为2070米，桥面宽3~3.6米，以巨型石板铺架桥面，两侧设有栏杆。桥墩采用长条石和方形石横纵叠砌筑法，呈四方形、单边船形、双边船形3种形式，尚存331座，状如长虹。长桥的两旁，有石塔和石雕佛像，其栏杆柱头雕刻着雌雄石狮与护桥将军石像。整座桥上面的东、西、中部分别设有5座凉亭，以供人休息，并配有菩萨像。两边水中建有对称方形石塔4座，塔身雕刻佛祖，面相丰满慈善。中亭有两位护桥将军，高1.59~1.68米，头戴盔，身穿甲，手执剑，是宋代石雕艺术的精华。1961年安平桥成为国家第一批公布的全国重点文物保护单位之一。

四川泸州龙脑桥

龙脑桥位于四川省泸州市泸县大田乡龙华村的九曲河上，明洪武年间修建。此桥为平桥，东西走向，长54米，宽1.9米，高5.3米，14墩，13孔。桥的布局奇特，雄伟壮观。中部8座桥墩分别以巨石雕琢成吉祥走兽，计有四龙、二麒麟、一象、一狮。雕龙造型别致，口中衔"宝珠"，完全镂空，可用手拨动。风起时，龙鼻发出响声。象鼻卷曲，长牙上伸，胖身下垂，神态自若，给人以安详、宁静之感。雄狮、麒麟栩栩如生，各具特色。该桥为石墩石梁式平桥，既未用榫卯衔接，也未用黏结物填缝，全靠各构件本身相互垒砌承托。龙脑桥在建筑技术上具有较高的水平，是中国古代桥梁罕见之作，为全国重点文物保护单位。

福建泉州永春东关桥

东关桥又称"通仙桥"，位于福建省泉州市永春县东关镇东美村的湖洋溪上，历来是交通要冲，为闽中、南往返的必经之地。东关桥始建于南宋绍兴十五年（1145年），是闽南绝无仅有的长廊屋盖梁式桥，全长85米，宽5米，共6墩5孔两台。桥基采用"睡木沉基"，船形桥墩以上部分为木材构造，技艺之精湛，构造之奇特实属罕见。东关桥现为福建省重点文物保护单位，并被载入《中国名胜词典》。

浙江温州泰顺泗溪东桥

泗溪东桥位于浙江温州泰顺的泗溪镇下桥村，为叠梁式木拱廊桥。该桥始建于明隆庆四年（1570年），清乾隆十年（1745年）、道光七年（1827年）重修。桥长41.7米，宽4.86米，净跨25.7米，离水面9.5米。桥拱上建有廊屋15间，当中几间高起为楼阁。屋檐翼角飞挑，屋脊青龙绕虚，颇有吞云吐雾之势。此桥无桥墩，由粗木架成"八"字形伸臂木拱，颇为罕见。

江西婺源彩虹桥

婺源有一种颇具特色的桥——廊桥，所谓廊桥就是一种带顶的桥，这种桥不仅造型优美，最关键的是，它可在雨天里供行人歇脚。

宋代建造的古桥——彩虹桥是婺源廊桥的代表作。这座桥的名子取自唐诗"两水夹明镜，双桥落彩虹"。桥长 140 米，桥面宽 3 米多，4 墩 5 孔，由 11 座廊亭组成，廊亭中有石桌石凳。彩虹桥周围景色优美，青山如黛，碧水澄清，坐在这里稍事休憩，浏览四周风光，会让人深深体验到婺源之美。

江苏扬州五亭桥

五亭桥位于扬州瘦西湖畔，整个建筑造型别致，比例适当，把稳重大方和玲珑剔透巧妙地结合在一起。桥含 5 亭，1 亭居中，4 翼各1 亭，亭与亭之间有回廊相连。中亭为重檐四角攒尖式，翼亭单檐，上有宝顶，四角上翘，亭内顶上图案精美。桥基由 12 块大青石砌成的大小不同的桥墩组成，共 15 孔，总长 55 米。桥孔彼此相连，从桥外看去，每个洞外都有一幅不同的画面。每当晴夜月满时，每个洞内各衔一月，别具诗情画意。

广西三江程阳桥

程阳桥又叫永济桥、程阳风雨桥等，位于广西北部与湘黔相接的三江县城古宜镇北面 20 公里砟林溪马安寨林溪河上，始建于 1912 年，历时 12 年完工。整座桥长 77.6 米，宽 3.75 米，高 20 米，桥下部分为青料石垒砌的 2 台 3 墩，桥墩为六面柱体，上下游均为尖形，迎水角 68 度；桥中间部分为密布式悬臂托间柱支梁木质桥面，共 19 间桥廊；桥上部分为木质梁柱，凿榫衔接构成重檐翘角，桥的两旁镶着栏杆，桥中有 5 座塔阁式桥亭。桥的壁柱、瓦檐雕花刻画，富丽堂皇。整座桥梁不用一钉一铆，大小条木，凿木相吻，以榫衔接。全部结构，斜穿直套，纵横交错，却一丝不差。桥上两旁还设有长凳供人憩息。程阳桥是侗寨风雨桥的代表作，是目前保存最好、规模最大的风雨桥，也是中国木建筑中的艺术珍品，现为全国重点文物保护单位。

云南建水双龙桥

双龙桥位于云南省建水县城西 3 公里处，是一座 17 孔大石拱桥，横亘于泸江河和塌冲河交汇处的河面上，因两河犹如双龙盘曲而得名。清乾隆年间始建 3 孔，后因塌冲河改道至此，又于 1839 年续建 14 孔。整座桥由数万块巨大青石砌成，全长 148 米，桥宽 3～5 米，宽敞平坦。桥上建有亭阁 3 座，造型别致。中间大阁为三重檐方形主阁，高近 29 米，边长 16 米，层檐重叠，檐角交错。拾级登楼，可远眺万顷田畴，千家烟火。南端桥亭为重檐六角攒尖顶，檐角飞翘，玲珑秀丽。双龙桥是云南省石桥中规模最大的一座，它承袭中国联拱桥的传统风格，是中国古代桥梁中的佳作，为省级重点文物保护单位。

山西晋祠鱼沼飞梁

鱼沼飞梁位于山西省太原市区西南的晋祠圣母殿前，是一座精致的古桥建筑，四周有勾栏围护。古人以圆者为池，方者为沼。因沼中原为晋水第二大源头，流量很大，游鱼很多，所以取名鱼沼。沼内立 34 根小八角形石柱，柱顶架斗拱和枕梁，承托着"十"字形桥面。东西桥面长 15.5 米，宽 5 米，高出地面 1.3 米，东西向连接圣母殿与献殿；南北桥面长 18.8 米，宽 3.3 米，两端下斜至岸边，与地面相平。整个造型犹如展翅欲飞的大鸟，故称"飞梁"。

北京后门桥

后门桥原称万宁桥，位于北京的中轴线上，在地安门以北，鼓楼以南的位置。由于与前门南北相对，京城百姓俗称地安门为后门，因而此桥也叫后门桥。该桥始建于元世祖至元二十二年（1285年），开始为木桥，后改为单孔石桥。元代在北京建都后，为解决漕运，在郭守敬的指挥下，引昌平白浮泉水入城，修建了通惠河，由南方沿京杭大运河北上的漕运船只，经通惠河可直接驶入大都城内的积水潭。而后门桥是积水潭的入口，并且设有闸口，漕船要进入积水潭，必须从桥下经过。后门桥在元大都的建筑设施中具有重要的地位，它也是北京漕运历史的见证。

浙江绍兴广宁桥

广宁桥位于浙江省绍兴市东面，始建于南宋高宗以前，明万历二年（1574年）重修。站在桥上可见城南诸山，桥心正对着大善寺塔与龙山，为极好的"水上"对景。自南宋以来，此桥一直是纳凉观景之处，故名广宁桥。该桥全长60米，宽5米，高4.6米，跨径6.1米。24根桥栏柱都雕以倒置荷花，雄健厚实，柱板花纹，幽雅大方。桥洞顶拱石上，刻着"鲤鱼跳龙门"等6幅石刻。桥洞拱石上还刻有捐资修桥人的姓名。桥拱下有纤道，可供人行走。

最高的古代木构建筑
——山西应县木塔

  山西应县木塔建成距今已有 900 多年的历史。应县原是辽国首都平城（今山西大同市）附近的应州。塔是当时崇信佛教的统治者辽兴宗耶律宗真命令修建的，辽道宗清宁二年（1056 年）落成。它凝聚了中国古代匠师的聪明才智和创造才能。

  木塔是佛宫寺（原名宝宫寺）的主要建筑物，本名释迦塔。塔的平面是八角形，底层副阶（外廊）前檐柱对边约 25 米。塔身外观是五层六檐（最下层是重檐），二、三、四层都有平座夹层，所以全塔实际上是九层。塔高，从地面到塔尖达 67. 31 米，是世界上现存最高大的古代木构建筑。这座木塔经受了近千年的雁北狂风雨雪以及强烈地震的考验，至今还巍然屹立，成为中华民族文化的骄傲！

  佛宫寺原位于辽应州城的中部。现在看到的城墙是经明洪武年间改动过的，西、北两面城墙向城里移动约 0.5 公里，寺的位置已偏处于城的西北部了。寺庙居于城市的中心部位，说明当时它作为精神统治的工具，受到统治阶级的高度重视。在城市的立体轮廓线上，土红色的释迦塔高高耸立于全城低矮的灰色民居中央，构成了当时应州城的特殊面貌。

  这座木塔是保持民族传统特色的楼阁形制的塔。汉末佛教传入中国以后，便出现了佛寺建筑。佛教寺院其实和传统的宅第、衙署没有

多大区别，具有明显佛教特征的建筑主要是塔。木塔是在中国固有的
楼阁的基础上吸取印度佛塔特点而建造的。初期木塔比较低矮，如
《洛阳伽蓝记》所载三国时期建造的浮屠祠，就是在汉代所流行的方
形重楼上安装塔刹构成的。

南北朝时期，随着高层木构技术的发展和佛教的兴盛，木塔也越
来越高大。著名的北魏洛阳永宁寺塔，高达几十米，就是这一时期楼
阁式木塔的代表作。

现在应县木塔是永宁寺塔的进一步发展。这座木塔改变了隋唐以
前的方形平面，作八角形，使应力分布比较均匀；同时改变了中心柱
的做法，采用连接内外槽柱所构成的筒形框架的结构方式，这既扩大
了中部空间，便于布置佛像，又提高了抗弯抗剪的能力，使塔身更加
牢固。这是古代木结构发展中的一个巨大的进步。

中国木结构技术的发展，从浙江余姚河姆渡遗址出土的带有榫卯
的栏杆长屋遗迹算起，已有将近7000年的历史。通过历代匠师的辛
勤、智慧的营造实践，逐步积累了丰富的经验，掌握了若干木结构的
规律性。到了辽宋时期，高层木构的设计和施工已经相当成熟。对于
高层木构的设计来说，风力是一项不容忽视的水平活荷载。对于这一
点，辽宋匠师是有明确认识的。和应县木塔时代相近的宋汴京（今
河南开封）开宝寺木塔，是当时杰出工匠喻皓设计、督造的。他考
虑到西北风比较大，因此使塔身微向西北倾斜，以增强它抵抗相应方
向弯矩的能力。像应县木塔这样一个高大的建筑物，特别是建造在由
内蒙古吹来的风常年吹过的开阔地带，更不能忽视风力这项荷载因
素。这座木塔在结构、构造上的最大成功，是合理地解决了水平荷载
的问题，使它能够经得起这样长时间的自然力侵袭的考验。为了抵抗
风力以及地震横波的推力，防止水平方向的位移和扭动，卓越的古代
匠师使用了大批斜撑固定复梁。撑杆和复梁的组合体，从性能上可分
两大类：一类是使平座内槽系统和外檐系统各自加大它们的稳定性；
另一类是使内外两层系统保持它们的相对位置。由于这些撑杆的连

接，构成了整体空间系统，一经受力，各构件就可以联合作用。

平座夹层的结构，就是用斜撑和梁、柱组成的一道平行桁架式的圈梁。在这个圈梁的内环上，又叠置由4层枋子组成的一道井干式的圈梁。整个夹层，实际是一个牢固的刚性箍，在5层塔身中，间隔均布了这样4道刚性箍。在外观上，夹层巧妙地处理成为各层平座腰檐。结合建筑处理，在塔的5个正式楼层上，内槽柱里的中央空间供奉佛像，内槽和外檐柱之间是供人通行的空间，因此不设斜撑。塔壁的4个正方向每面三开间，中间辟门。壁外平座设栏杆，形成周圈挑台，以供人凭眺。在4个斜方向上，两次间的柱间原有剪刀撑，封上荆笆，抹泥墙。这既是出于结构的需要，又在建筑构图上和4个正方向的门、窗、隔扇形成虚实的对比，也颇为得体。可惜后世维修时拆改为门、窗、隔扇，严重地损坏了塔的结构，以致塔身发生了向东北歪扭的现象。

塔里扶梯的布置，也是既考虑垂直交通的实用要求，又兼顾结构的合理性而设计的。因为楼层比较高，为使扶梯坡度不致太陡，每层都分作两折而上，利用平座夹层作为休息板。夹层中在每一楼梯处都不能安置斜撑，因而造成结构上的弱点。为使弱点分散，扶梯每隔一面安置一道，采取沿塔身螺旋而上的办法。全塔细微之处的构造处理，诸如构件比例、榫卯搭接等所表现的优秀手法，也是值得称道的。

这座塔各层都在中部安置有泥塑佛像，底层还绘有壁画。为了渲染宗教的神秘气氛，底层厚墙仅在南北两面开口。内圈墙的中央，安置一尊高约11米的释迦佛坐像。由于塔的进深比较大，自然光线不能直接照在佛像上，只能靠微弱的间接光隐约显示。佛像全部漆金，在暗影中烁烁发光。上面各层四面采光，所以比底层亮些。各层中部都设有佛像群，在内槽柱间设栏杆划分空间，信徒、游人可以在栏杆外巡回礼佛。所有佛像大概是辽代原作，但经后世屡次粉妆，表面色彩粗俗，已经面目全非了。

总的来说，应县木塔不愧为古典高层木构的杰作。它是中国古代文化的宝贵遗产，可供我们建筑设计时借鉴。中国是使用木材建筑历时最久的国家，在木材的运用上积累了丰富的经验。这座高大的古代木构建筑，在900多年荷载作用下木材反映的情况，实在是难得的材料力学方面的资料。因此，它也是我们进行科学研究的一件珍贵的标本。现在中国已经把这座不朽杰作列为全国重点文物保护单位，设有专门机构负责保管。

天　　文

在人类自然科学史上，最先得到发展的是天文学。无论是农业民族还是游牧民族，他们或是"日出而作，日入而息"，或是"逐水草而居"，都不能不注意天象的变化与春夏秋冬、阴晴雨雪的关系。这样就产生了最早的自然历。中国夏代的《夏小正》，商代的干支纪日法，周代二十八宿概念的形成……都凸显了中国古代天文学的巨大成就。可以说，中国古代的天文学研究成果在世界上是遥遥领先的。而中国的天文学观测记录也难能可贵地从未中断，为世界天文学作出了巨大贡献。

中国古代天文学名著与历法成就

中国现存最早的一部记载物候的著作是《夏小正》。关于《夏小正》的成书年代，说法虽有不同，但是从著作本身的文字和内容来看，认为它是中国奴隶社会时期的文献，是有一定道理的。《夏小正》全书不到 400 字，文辞古朴简练，虽然用字不多，内容却相当丰富。它按一年 12 个月分别记载了物候、气象、天象和重要的政事，特别是有关生产方面的政事如农耕、蚕桑、养马等。其中最突出的部分是物候，说明中国古代以农业立国，由于农业生产上的需要，早就注意收集物候资料，并且按月记载下来，作为适时安排农业生产的依据。它主要是关于各月的物候和农事活动的记载，是中国早期的一部为便利农业生产记下的物候历，是十分珍贵的文化遗产。

《大衍历》，唐玄宗开元十五年（727 年）僧一行所作，后经张说和陈玄景整理成文，开元十七年（729 年）颁行，使用到天宝十年（751 年）。《大衍历》于开元二十一年（733 年）传入日本，在日本使用近百年。《大衍历》结构严谨，条理分明，共有历术 7 篇，讲具体计算方法。另有历议 12 篇（其中略例 3 篇），讲历法的理论问题，是僧一行为《大衍历》写的论文，通称《大衍历议》。《大衍历》的制定是从制造仪器开始的，经过实际观测确定基本天文数据，这是科学的方法。经过《大衍历》的制定，对太阳、月亮运动不均匀现象有了正确全面的了解。通过实际观测，破除了 1000 年来流传的"寸差千里"的谬说。在计算方法上，《大衍历》首创不等间距二次差内插法的公式，比起《皇极历》又是一个进步。

《授时历》，元世祖至元十七年（1280 年）郭守敬所作，次年颁行。明代《大统历》继续用它的方法，前后共使用 360 多年，是古代历法中使用最久的，也是在天文数据、计算方法各方面发展到高峰的一种历法。中国古典系统的历法到此为止，以后就有西方天文知识传入并影响到历法的编算。现存《元史·历志》里的《授时历经》上下篇是郭守敬在王恂初稿基础上重新编定的。当时《授时历》虽已颁行，但各种数据用表、推步算法没有定稿。至元十八年（1281 年）王恂不幸去世，由郭守敬一人主持完成。他"比类编次，整齐分秒，裁为二卷"。《授时历》共有 7 部分，内容与《大衍历》相似，但采用等间距三次差内插法计算日月五星位置，又用弧矢割圆术和类似球面三角的方法根据太阳黄经求它的赤经赤纬，这两种方法在天文学史和数学史上都具有重要地位。目前，有许多中外学者正在对《授时历》进行研究。

《崇祯历书》，明末徐光启主编，李天经续成，从崇祯二年（1629 年）到崇祯七年（1634 年）前后共用 5 年时间完成。它从多方面引进了欧洲古典天文学知识，内容包括天文学基本理论，三角学，几何学，天文仪器，日月和五大行星的运动、交食，全天星图，中西单位换算等。全书共 137 卷，采用第谷的太阳系结构系统，计算方法中翻译了哥白尼《天体运行论》中的许多章节，还有开普勒《论火星的运动》一书中的材料，历法计算中不用中国传统的代数学方法而改成几何学方法，这是中国天文学史和历法史上一个重要的转折。中国古代天文学体系开始向近代天文学转变。明末未能根据《崇祯历书》来编算民用历书，清代开始使用根据《崇祯历书》编算的历书——《时宪历》，直到清末。在《四库全书》中有 100 卷本的《西洋新法算书》是传教士汤若望根据《崇祯历书》删改而成的。

现存最早的一本天文星占著作《石氏星经》，是由战国时期魏国的石申所著。书的原名叫《天文》，内容涉及太阳、月亮、行星、交食、恒星、古代天文名词、宇宙概念等多方面，尤其是恒星部分价值更高。

关于全天恒星的最早一篇完整文献是《史记·天官书》，公元前1世纪司马迁著，可算是当时有关天文知识的总结。尤其是恒星部分记录了当时所认识到的全天恒星，共90多组名称，500多颗星，后来许多恒星的命名都受它影响。《史记·天官书》内容除恒星外，还有行星、分野、日月占候、奇异天象、云气、岁星纪年、天象记录和占验等，是研究秦汉天文学乃至先秦天文学的一篇权威性文献。《史记·天官书》开创了后代史书中撰写天文志的传统。

《二十四史》中有十几篇天文志，为研究中国天文学史提供了系统全面的资料。其中李淳风所撰《晋书·天文志》，内容丰富全面，已在巴黎出版。

《新仪象法要》是宋代苏颂为水运仪象台所作的设计说明书，成书于宋哲宗绍圣元年（1094年）到绍圣三年（1096年）之间，是一本有关水力运转天文仪器的专著。书中共有图60种，详细介绍了北宋水运仪象台的总体和各部结构、尺寸。卷首有《进仪象状》，说明这种仪器的建造缘起、经过和特点。上卷介绍浑仪，中卷介绍浑象，下卷介绍仪象台总体、台内各原动和传动机械、报时系统，最后还有一段介绍整个仪象台运动的过程，是中国现存最古老的机械设计图纸。

历法，人们为了社会生产实践的需要而创立的长时间的计时系统。具体地说，历法就是年月日时的安排，于是，反映季节变化规律的"回归年"、反映月貌变化规律的"朔望月"和反映昼夜变化规律的"太阳日"，便组成3种大小合适的时间计量单位。这3种计量单位并用的历法，人们称作阴阳历（例如农历）；只考虑回归年变化的称作阳历（例如现行的公历）；固定12个朔望月作为一年的称作阴历。春秋末年，中国开始使用《古四分历》，这是当时世界上所使用的最精密的历法。希腊的《伽利泼斯历》和中国的《古四分历》相当，但是要比中国晚100多年。

二十四节气是中国古代劳动人民的独创，世界上也有很多国家使用过阴阳历，但是最多也只知道有二分二至，这是中国古代历法优越的地方。中国古代的历法所使用的数据都是很精密的，太阳月和阳历年之间关系的调节也达到了比较好的程度，中国古代的历法成就是巨大的。

天象记录和天体测量

现今世界公认最早的关于太阳黑子的记录，是西汉成帝河平元年（前 28 年）三月所见的太阳黑子现象，载于《汉书·五行志》："成帝河平元年……三月己未，日出黄，有黑气大如钱，居日中央。"这一记录把黑子的位置和时间都叙述得很详尽。事实上，在这以前，中国还有更早的黑子记载。在约成书于汉武帝建元元年（前 140 年）的《淮南子》这一著作的卷七《精神训》中，就有"日中有踆乌"的叙述。踆乌，也就是黑子现象。而比这稍晚的，还有：汉"元帝永光元年四月……日黑居仄，大如弹丸"（《汉书·五行志》引京房《易传》）。这表明太阳边侧有黑子成倾斜形状，大小和弹丸差不多。永光元年是公元前 43 年，所以这个记载也比前面的记录早。对于前人精察天象的实践，外国学者也多有赞扬。美国天文学家海耳就曾经指出："中国古人测天的精勤，十分惊人。黑子的观测，远在西人之前大约两千年。历史记载不绝，而且相传颇确实，自然是可以征信的。"欧洲发现太阳黑子，时间比较晚。他们最早的关于黑子的记录是 807 年 8 月 19 日。这已经是 9 世纪了，但是还被误认为是水星凌日。太阳黑子的发现是伽利略使用望远镜完成的天文学进展之一。他在 1610 年才看到黑子，直到 1613 年才把结果公开发表。

世界上最早的一次关于哈雷彗星的记录，最可靠的见于《春秋》："鲁文公十四年秋七月，有星孛入于北斗。"鲁文公十四年是公元前 613 年，据查，西方关于哈雷彗星的记载，一般书籍认为最早是在公元 66 年，但是还可上溯到公元前 11 年。不过，这也还比中国《春秋》可靠记载晚了几百年。20 世纪初，英国的克罗梅林和考威耳曾利用中国古代哈雷彗星记录，跟计算所得的每次过近日点时间和周期相比较，上推到公元前 240 年，对照结果都比较符合，足证中国古代记录的可靠。

中国也是最早发现和记载流星雨的国家，《竹书纪年》中就有"夏帝癸十五年，夜中星陨如雨"的记载。最详细的记录见于《左传》："鲁庄公七年夏四月辛卯夜，恒星不见，夜中星陨如雨。"鲁庄公七年是公元前 687 年，这是世界上天琴座流星雨的最早记录。

流星体坠落到地面便成为陨石或陨铁，这一事实，中国也有记载。《史记·天官书》中就有"星陨至地，则石也"的解释。到了北宋，沈括发现有以铁为主要成分的陨石。在欧洲直到 1803 年以后，人们才认识到陨石是流星体坠落到地面的残留部分。在中国现在保存的最古老的陨铁是四川隆川陨铁，大约是在明代陨落的，清康熙五十五年（1716 年）掘出，重 58.5 公斤，现在保存在成都地质学院。

星表是把测量出的若干恒星的坐标（常常还连同其他特性）汇编而成的表册。它是天文学上一种很重要的工具。中国古代曾经多次测编过星表，其中最早的一次是在战国时期。

星图是恒星观测的一种形象记录，又是天文学上用来认星和指示位置的一种重要工具。它的意义就好像地理学上的地图。在星图的绘制上，中国古代有悠久的历史。不算那些示意性的星图或仅仅画出个别星组的图形，作为恒星位置记录的科学性星图，大约可以追溯到秦汉以前。星数最多的是三国时期吴太史令陈卓所画的星图。陈卓把当时天文学界存在的石申、甘德、巫咸三家学派所命名的恒星，并同存异，合画成一张全天星图。图上一共有星 283 组、1464 颗。陈卓的工作一直被后世的天文学家奉为圭臬。

中国古代在星图绘制方面的巨大成就便是子午线长度的测定。子午线，也就是地球的经度线。测量子午线的长度可以确定地球的大小。早在公元前3世纪和公元前1世纪，古希腊的天文学家曾先后两次进行确定子午线长度的工作。但是，他们并没有全部经过实际的测量，真正用科学方法实际测定子午线长度是在唐玄宗开元十二年（724年），由著名的天文学家僧一行发起并进行的。误差虽然稍大，但这是世界上第一次子午线长度的实测。它开创了中国通过实际测量认识地球的道路；它彻底破除了日影千里差一寸的谬见；它把地理纬度测量和距离结合起来，既为制定新的历法创造了条件，又为后来的天文大地测量奠定了基础。

古代"天语"
——天气现象理论

中国古代有关天气现象的理论很多。

《黄帝内经·素问》卷二中，提出了水分循环和云雨形成的理论。书中说云是地气上升所形成的，雨是天气下降所形成。雨虽然是从天而降，追溯它的根本，却是由地气上升所致；云虽然是地气上升而成，追溯它的根本，却又是天气下降的雨所形成的。（"地气上为云，天气下为雨。雨出地气，云出天气。"）东汉王充在《论衡·说日篇》中也有相似见解："雨从地上不从天下，见雨从上集，则谓从天下矣，其实地上也。"

西汉董仲舒在他所著《雨雹对》一文中，认为雨滴是由小云滴受风的作用合并变重下降而成的。（"攒聚相合，其体稍重，故雨乘虚而坠。"）他说：大风使云滴合并得快，这就使下降的雨滴大而比较松散；小风使云滴合并得慢，这就使下降的雨滴小而比较紧密。（"风多则合速，故雨大而疏；风少则合迟，故雨细而密。"）这种从微观角度说明雨滴的形成过程，基本上和现代的暖云降雨理论是相符的。

在雪的形成方面，《春秋说题辞》中认为是水汽凝成的。（"盛阴之气，凝滞为雪。"）西汉董仲舒，东汉许慎、刘熙，宋代朱熹，明代王逵等，认为雪是云滴或雨滴冻结成的。明代杨慎认为雪是霰形成的。归纳起来，中国古代对雪的形成，有"气体形成说"、"液体形成说"和"固体形成说"3种。就现在世界上关于雪的形成理论看，依旧有这3种看法。

关于雾的形成，《尔雅》中说，地面水分向上扩散，但是无法充分扩散出去，就成为雾。（"地气发，天不应，曰雾。"）宋蔡卞在《毛诗名物解》中说，水汽在空中可形成雾，雾和云是同一类的东西。（"水气之在天成雾，雾，云之类也。"）

关于雷电现象，在中国古代也有两种理论：一种是"摩擦形成说"，是战国时期慎到首先主张的。他说："阳与阴夹持，则磨轧有光而为电。"另一种是王充等所主张的"爆炸起电说"。王充在《论衡·雷虚篇》中用"一斗水灌冶铸之火，气激裂，若雷之音矣"来解释雷声是很有道理的。王充特别对雷电现象有季节性作了科学解释。他把雷电的季节性出现归结为太阳的热力作用发生变化，认为春季太阳热力作用渐强，所以有发生雷电的可能；夏季太阳热力作用强盛，所以雷电也比较厉害；秋冬太阳热力作用已经衰弱，所以雷电现象也就很难出现了。（"雷者，太阳之激气也，何以明之？正月阳动，故正月始雷。五月阳盛，故五月雷迅。秋冬阳衰，故秋冬雷潜。"）

除此之外，历代劳动人民，在生产实践中，了解到不少有关天气变化规律的知识，这些知识大量反映在天气谚语上。

例如《诗经·小雅·弁》中说，下雪以前往往先会下霰。（"如彼雨雪，先集维霰。"）《焦氏易林》中说，蚂蚁把洞口封住，将会有大雨。（"蚁封穴户，大雨将至。"）《论衡·寒温篇》中说，早晨要是有很多的霜，必定夜间的星既多且亮。（"朝有繁霜，夕有列光。"）《齐民要术》卷四《栽树第三十二》中说，雨后刚晴，见到寒冷彻骨的北风袭来，那天夜里必定会出现霜。（"天雨新晴，北风寒彻，是夜必霜。"）

随着劳动人民和大自然斗争经验的积累，天气谚语越来越丰富，而且往往需要汇集成书，便于集中参考。

在唐代，有关民间天气经验的书籍中，最有名的是黄子发的《相雨书》。这本书收集了唐代以前的一些天气经验，有些还很有价值。例如书中说：云中出现黑色和红色，就会下冰雹。这个经验在现在各地进行人工抑雹作业的时候，仍作为判断雹云的依据。

由于农业的不断发展，劳动人民观察天气的经验更加丰富，要求能用简短韵语来表达这些丰富的经验，以便于记忆和应用。这种要求日渐迫切，于是到了元代，绝大部分天气谚语已经用韵语表达了。

元末明初娄元礼的《田家五行》就是大量收录当时流行在太湖流域的韵语和非韵语的天气经验的专集。这本天气经验集的流行产生的影响很大，所收录的天气谚语，在农村形成了家喻户晓、世代相传的局面。明末徐光启的《农政全书·占候》，进一步整理和补充了《田家五行》的天气经验，并且大量删去了明显的迷信糟粕，在纯洁天气谚语上，起了一定作用。

元明两代还出现了关于海上天气预报的著作。当时人们曾经把水手和渔民的天气经验用五言和四言的韵语表达出来。在明代张燮的《东西洋考》一书中就有这方面的内容。例如："乌云接日，雨即倾滴"；"迎云对风行，风雨转时辰"；"断虹晚见，不明天变；断虹早挂，有风不怕"等。还有一类预报天气的书，就是"古云图集"，一般古云图下面的说明，大多分两部分：前一部分说明图中云的特征，后一部分说明出现这种特征的云的时候，风雨或其他坏天气在什么时候将要到来，强烈程度大体怎样。

关于天气预报实践和理论解释方面，可以举北宋沈括的一个实例：有一年，天气久旱，农作物普遍缺水，人人望雨心切。不久出现了一连几天的阴天，看来必然要下雨了，可是并没有下雨。反而有一天，天气转为大晴天，太阳光很强烈。沈括那天正好去见宋神宗。宋神宗问他："什么时候下雨？"沈括回答说："下雨的条件具备了，明天就会下雨。"当时许多人认为连续几天阴天闷热，尚且不下雨，现在又晴又干，怎么会有下雨的可能呢？所以不相信沈括的话。但是到了第二天，果然下了雨。沈括对这次之所以会下雨，提出了他的理由：那时正是水汽充沛的季节，连日天阴，说明水汽的确已经多了，但是因为风比较大，云比较多，所以未能成雨。后来突然云散天晴，阳光可以烤热地面，使水汽有了充分发挥成雨作用的条件，因此，在第二天，水汽和地面热力作用两个条件都具备了，共同发挥了作用，必然会下雨。这次，沈括在说明预报理由时，也采用了一些五运六气的术语，但仔细分析这一段叙述，可以看出沈括是反对当时用五运六气的方法预报天气的。他在这一段文章中批判了五运六气说，强调要根据当时当地的特点来预报天气。他根据那次实际天气演变（"连日重阴，一日骤晴"）进行仔细分析，最后判断出要下雨，这种判断是科学的，所以这次预报也是成功的。

别具一格的计时器
——日晷、漏壶、盂漏

现在我们用钟表计时，古时候没有钟表，人们用什么计时呢？

请别为古人担心，他们有独特的计时仪器——日晷。这是一种利用太阳的射影来测报时间的计时器。在很久以前，人们在和大自然的相处中，偶然发现，随着太阳的移动，树影的位置和长短也变化着，而且变化得很有规律。于是，他们找了些石块，把石块放在树旁，当树影移动到某块石头上时，就知道是什么时刻了。他们砍了一根直木棍，把它直插在地上，用它来代替树木。木棍比树木好用，它的影子又细又长，投射在地面的石头上，界线清楚极了，测得的时间也比过去准确了许多。这便是原始的日晷。这种日晷有一个底盘，底盘的边缘刻着标志时间的线条，有的是钻的小孔，这刻着线条或钻有小孔的底盘叫针盘，针盘中安放着一条竖着的指针。在阳光下，指针便映出投影，而且会随着太阳位置的不同而有规律地变化着。人们只要看指针的影子投落在针盘的哪个线条或小孔上，就能知道准确的时间了。

现在中国最早的日晷，是1897年在内蒙古自治区的托克托城出土的一个石制日晷，收藏在北京的中国历史博物馆内。据专家考证，这个石制日晷是西汉时期的制品。日晷虽然使用方便，指示的时间也很精确，但它却受到阳光这一条件的限制。没有阳光的时候，例如，晚上或阴天，日晷就不能发挥它应有的作用了。

漏壶，是以漏壶滴水在刻箭上表示出时刻的计时器。漏壶一般由铜制成，它的历史可以追溯到很久以前，至少在夏、商时期就已开始使用了。早期的漏壶叫沉箭壶。它是这样制作的：在壶的底部钻一个小孔，壶的中间竖着一根标有刻度的箭杆。使用时，把壶装满水。随着壶里的水慢慢地从小孔里往下滴漏，壶里的水平面也逐渐地下降，箭杆露出水面的部分则越来越长。古人就用箭杆露出水面的长度来计算时间，箭杆上的刻度就表示时间数字。沉箭壶的制作方法不难，但缺点却很明显。壶里的水位高时，压力大，水漏得快；水位低时，压力小，水漏得很慢。漏速不均匀，计时便不准确了。于是，聪明的古人又发明了浮箭壶。浮箭壶的制作有些复杂：在不同高度上放置 3 个漏壶，然后在它们的下面再放一个接水壶，有刻度的箭杆便放在这个接水壶中。使用时，最上面的漏壶里的水先滴入中间的壶里，中间的壶里的水又滴入下面的壶里，而下面的壶里的水则滴入接水壶中。随着接水壶内水平面的升高，箭杆便逐渐上升，人们看箭杆上的刻度，就能知道具体的时间了。

漏壶的制造，根据有关资料记载，中国在世界上是独一无二的。西方的水地钟在和漏壶的功用一样，它是雅典法庭用来限制发言人的发言时间的。

水地钟于公元前 159 年传到罗马，现在雅典还存有这种遗制。但它的制造比中国的漏壶晚得多，据说，它是公元前 400 年柏拉图时代的产物。当然，它的使用也不如中国的漏壶普遍。

中国最早的机械计时器，隶属于天文仪器。例如，唐朝梁令瓒等人发明的开元水运浑天仪，北宋苏颂等人制造的水运仪象台等，都含有机械计时器。在这些机械计时器中，已采用了颇为复杂的齿轮系统。尤其是苏颂水运仪象台中报时装置里的机械擒纵器，与现代钟表里的关键机件——锚状擒纵器，作用非常相似。苏颂的报时装置虽然很先进，但它仍是天文仪器的一部分。第一个把机械计时器从天文仪器中分离出来的，是元代科学家郭守敬。他制造的"七宝灯漏"，以水作为动力，采用了齿轮系统和凸轮机构，能自动报时，还装饰有可以按时自动跳跃的动物模型。其工艺水平大大超越了前人。这架"七宝灯漏"陈设在皇宫的大明殿内，颇受忽必烈的赏识。

郭守敬之后，明代初年能工巧匠詹希元又发明了五轮沙漏机械计时器。顾名思义，五轮沙漏以流沙为动力，来驱动齿轮运转。这种计时器不受气候影响，克服了水漏的不足，但由于沙粒本身很难均匀，因而不如流水那样能均匀地流动，准确性较水漏要差一点。

在中国古代漫长的历史岁月中，除了前面我们介绍的日晷、漏壶等计时仪器外，民间还流传着许多简单而实用的计时器。其中使用较多的是盂漏和更香。

盂漏，据说是唐朝的一个和尚发明的。制造使用原理很简单：在一个铜盂的底部穿一个小洞，把它放在水面上，水从洞中涌入盂里，盂里的水满到一定的程度，就会沉下去。于是，取出盂，倒掉水，再重复使用。铜盂的大小和重量是有一定规格的，一般一个时辰（两小时）沉浮一次。

更香，其实就是在我们平常用的香上划出刻度，来计量时间。为了使更香的实用性更大，人们把香做得很长，并盘旋成各种形状，有的能连续燃烧十几天。有趣的是，有人还把更香作为"闹钟"。他们在更香上某时某刻的地方悬挂一个小金属球，当香烧到这个地方的时候，金属球便会掉到下面的金属盘子里。那清脆的响声便提醒人们到了某个时刻了。

天文钟的直接祖先
——中国水运仪象台

在许多大型仪器设备当中，有一种仪器能用多种形式来表达天体的运行，人们叫它天文钟。它是把动力机械和许多传动机械组合在一个整体里，利用几组齿轮系把机轮的运动变慢，使它经常保持恒定的速度，和天体运动一致。它既能表示天象，又能计时。后世的钟表就是从它演变出来的。

中国宋代的水运仪象台就是这种天文钟的祖先，可以说是世界上最古老的天文钟，国际上对它给予高度的评价，认为"很可能是后来欧洲中世纪天文钟的直接祖先"。1088年，在苏颂的领导下，人们制成了水运仪象台，设在当时的汴京（今河南开封）。苏颂所著的《新仪象法要》相当详细地介绍了水运仪象台的构造，反映了当时科学技术的卓越成就。这部书还附有全图、分图、详图60多幅，多是透视图或示意图。

水运仪象台的高度以宋木矩尺计算是35.65尺（将近12米），宽21尺（7米）。全台是一座正方形上狭下广的木构建筑，用木板作为台壁，板面画飞鹤。台分3层，底层向南有两扇门。靠北台壁设有木板长台，是操作场所，打水人转动水轮的地方。操作台前面有一组提水机械：由升水下轮（筒车）、升水下壶、升水上轮、升水上壶、河车以及天河（受水槽）组成。转动河车把水由升水下轮逐级提升灌入天河中。在这组提水机械的东边，有一组"铜壶滴漏"式的装置：在一个木架上设两个方形水槽，高的是天池，低的是平水壶。平水壶有泄水管，使其经常保持一定的水位，平水壶下端的出水口也就能保持恒定的流量了。平水壶西边有一座直径 3.67 米的枢轮，它是全台机械结构的原动轮，由水力推动，是一个由 36 个水斗和钩状铁拨子组成的水轮。枢轮顶部附设一组杠杆装置，相当于钟表里面的擒纵器（俗称"卡子"）。它和 17 世纪欧洲的锚状擒纵器非常相似，且具有相同的作用。枢轮下面设有退水壶，退水壶有水管和升水下壶相连。这样周而复始，水流循环一周，泄水槽又成了水源了。当枢轮水斗注满一斗的时候，它的重量使枢权失去平衡。这时格叉向下倾斜，枢权向上扬起。枢轮上的铁拨子拨开关舌，拉动了天衡，使天关向上开启。枢轮向下转动一斗，天关又随即下落。由于左右天锁的擒纵抵拒的作用，使枢轮只转动一个水斗。枢轮运转的速度是由漏壶的流量决定的，由格叉和枢衡等一套擒纵器加以控制。

枢轮通过几组齿轮使天文仪器和计时仪器分别按一定的速度转动。当时关于机械构造的记载相当粗疏和简略。在《新仪象法要》一书中，只给出天轮和拨牙轮各具有 600 个齿，其余齿轮的齿数都没有写明。计时仪器的机械装置在原书中叫"昼夜机轮"。它前面有 5 层木阁：第一层木阁是昼夜钟鼓轮。轮上有 3 个不等高的小木柱（起凸轮的作用），可按时拨动 3 个木人的拨子，拉动木人手臂；一刻钟木人打鼓，时初摇铃，时正敲钟。第二层木阁是昼夜时初正轮，轮边有 24 个司辰木人，表示 12 个时辰的时初、时正，相当于 24 时。这轮上的 24 个木人随着轮子转动按时在木阁门前出现。第三层木阁是报刻司辰轮，轮边有 96 个司辰木人，每一刻出现一人。第四层木阁是夜漏金钲轮，可以拉动木人按更击钲报更数，并且可以按季节进行调整以适应昼夜长短的变化。第五层木阁是夜漏司辰轮，轮边设38 个司辰木人，木人位置可以按节气变动，从日落到日出按更筹排列。

　　台里在 5 层木阁的上面还设有浑象一座，浑象下部有木柜，上部在柜外，下部在柜中。浑象是一个球体，在球面布列天体星宿。浑象和昼夜机轴相接，随机轴由东向西转动，和天体视运动一致，使得球面星宿位置和天象相合。

　　台顶有露台，设有浑仪一座。通过齿轮和枢轮轴相连，使浑仪也能随天球转动，就好像近代望远镜由转仪钟控制而随天球转动一样。浑仪是观测天体运行的仪器。浑仪的第二重仪器中增设了"天运单环"，使浑仪能随水轮运转。这是一个创造性的设计。浑仪上覆盖的"板屋"有 9 块可以活动的屋面板，作用和今天天文台可以开启的球形台顶相同。

　　苏颂倡导和主持了水运仪象台的建造，同时参加这一工作的还有太史局的周日严等人，特别是吏部的韩公廉在计算工作方面功绩最大。还有一些年轻的生员袁惟几等，学生侯永和等，以及进行测验规景和刻漏等的专门工作人员，说明这是许多人共同的创造。

　　水运仪象台代表了中国 11 世纪末天文仪器的最高水平。它具有 3 项令世界瞩目的发明，首先它的屋顶设计成可开闭的，是现代天文台活动圆顶的雏形；其次，它的浑象能一昼夜自动旋转一周是现代天文跟踪机械转仪钟的先驱；此外，它的报时装置能在一组复杂的齿轮系统带动下自动报时，报时系统里的锚状擒纵器是后世钟表的关键部件。水运仪象台体现出当时中国机械工程技术水平之高。

地　　理

据有关资料记载，中国对地理的认识是很早的。传说夏禹铸九鼎，鼎上有不同地区的山川、草木和鸟兽图案。虽然九鼎之说已无从考证，但夏代已有了原始的地图则是可能的。《尚书·洛诰》记载周公营建东都洛邑时，先绘制地图献给成王。《周礼》载有掌管地图的官吏，如大司徒掌管天下土地之图，知"九州之地域广轮之数"，以辨"山林、川泽、丘陵、坟衍、原隰"的分布。

中国典籍里对地震的记述也很生动，如《史记·周本记》中记载周代的一次地震："周三川皆震……三川竭，岐山崩。"

古代中国对地震的测报也走在世界的前列，如汉张衡发明的地动仪。

总之，中国古代的地理学很受重视，也很发达。

中国古代的地震记录

中国是一个地震活动频繁的国家。中国很早就开始记录地震。晋代出土的《竹书纪年》记载有舜帝时期"地坼及泉"、夏桀末年"社坼裂"的现象，可能是关于地震最早的记载。成书于战国晚期的《吕氏春秋·季夏纪》里记载了"周文王立国八年，岁六月，文王寝疾五日，而地动东西南北，不出国郊。"这一记载明确指出了地震发生的时间和范围，是中国地震记录中具体可靠的最早记载。

此外，在《诗经》、《春秋》和《左传》等先秦古籍中都有关于地震的记述，保存了不少古老地震记录。从汉代开始，地震就作为灾异被记入各断代史的"五行志"中了。宋元以后地方志发展起来，地震也被作为灾异记入志中，地震史料大大增加。除了这些官修的正史、方志外，许多私人写的笔记、杂录、小说和诗文集中也有地震的记载，而且往往附有生动的描述。历代的一些"类书"，如宋代编的《太平御览》、清代编的《古今图书集成》等，还按分类收集了不少地震资料。此外，碑文中也有地震的记载。

中国历代积累下来的地震记录，是一份十分珍贵的历史遗产。

有资料显示，从公元前 1177—公元 1955 年共有 8100 多次地震记录，其中发生里氏 5 到 5.9 级地震 1095 次，里氏 6 到 6.9 级地震 400 次，里氏 7 到 7.9 级地震 91 次，里氏 8 级以上地震 17 次。这样悠久而丰富的地震记录，具有重要的科学价值。

在不断记录地震、积累地震知识的基础上，东汉杰出的自然科学家张衡发明了世界上第一架观测地震的仪器——地动仪。这在人类和地震的斗争史上写下了光辉的一页。关于这架仪器，《后汉书》中记载："以精铜制成，员径八尺，合盖隆起，形似酒尊（酒坛）"。地动仪结构精巧，主要是中间的"都柱"（类似惯性运动的摆）和它周围的"八道"（装置在摆的周围和仪体相连的八个方向的八组杠杆机械），外面相应设置八条龙，盘踞在八个方位上。每个龙头的嘴中都含有一个小铜球，每个龙头下面都有一只蟾蜍张口向上。如果什么地方发生了比较强的地震，传来的地震波会使"都柱"偏斜触动龙头的杠杆，在那个方位的龙嘴就会张开，铜球当啷一声掉在下面的蟾蜍口里。这样，观测人员根据铜球"振声激扬"而知道在什么时间什么方位发生了地震。地动仪制成以后，安置在洛阳，并且观测到了永和三年（138 年）陇西发生的一次里氏 6 级以上的地震，开创了人类使用科学仪器观测地震的先河。和外国相比，张衡所发明的地动仪要比西方类似仪器的出现，早 1700 多年。

中国人民和地震作斗争，除了地动仪这样伟大的发明创造外，他们在实际斗争中，还通过亲身的体验和观察，记载了大量的地震前兆现象，如地声、地光、前震、地下水异常、气象异常、动物异常等，积累了相当丰富的预测、预报地震的知识。

地声、地光是非常重要的临震前兆现象。中国史书对很多地震都有震前地声情况的记述，如南北朝时期北魏孝文帝延兴四年（474年）山西"雁门崎城有声如雷，自上西引十余声，声止地震"（《魏书·灵征志》）。

唐玄宗"开元二十二年（734 年）二月十八，泰州地震。先是泰州百姓闻州西北地下殷殷有声，俄而地震"（《旧唐书·五行志》）。明宪宗成化四年（1468 年）四月四日广东琼州府"夜四更地震，未震之先，有声从西南起，遂大震，既而复震，良久乃止"（《成化实录》)。有些强烈地震在发生之前，震区上空往往出现明亮的闪光，这种发光现象叫地光。史书中有关于这方面的记载，如明武宗正德四年五月二十六日（1509 年 6 月 13 日）夜湖北"武昌府见碧光闪烁如电者六七次，隐隐有声如雷鼓，已而地震"（《明武宗实录》）。正德八年十二月三十日（1514 年 1 月 25 日）四川越巂县"有火轮见空中，声如雷，次日戊戌地震"（《明武宗实录》）。这两次地震，不但震前出现了地光，还同时有地声。

大震之前往往有一系列微震和小震，叫做前震。历史上有不少事例记载有前震现象，如正德七年（1512 年）"五月云南地连震十三日，八月云南地大震"（《二申野录》）。清康熙七年七月二十五日（1668 年 9 月 12 日）江苏镇江府、丹阳"戌时地震，先数日微震一次，是日震甚，山动摇，江河之水皆为鼓荡，停泊之舟多覆溺，城内外震裂墙屋无算"（《镇江府志》、《丹阳县志》）。

强烈地震发生前，地下水位往往发生异常变化，例如清康熙七年（1668 年）山东郯城发生里氏 8.5 级大地震，好几个地方出现了河水突然干涸的记载：江苏赣榆"先是苦雨几一月，是日城南渠一晷之间，暴涨忽涸，见者异之"，东寿光"未震之前一日，耳中闻河水汹汹之声，遣子探试，亦无所见，或云先一日弥丹诸河水忽涸"。除对这种显著变化的观察记载外，在一些古籍中对震前地下水成分、色味的改变也有记载，如"井水忽浑浊"、"水变赤如流丹"、"井水变味、甘咸相反"等。

关于震前出现气象异常情况，如高温酷热、雷雨骤烈、飓风大作、阴霾昏晦、干旱水涝等，在史书中都有记载。例如康熙十八年（1679 年）三河、平谷发生里氏 8 级大震前，出现了"特大炎暑，热伤人畜甚重"的异常现象；《射洪县志》记载嘉庆二十四年五月十九日（1819 年 7 月 10 日）发生的地震："五月霪雨十日，至十九日夜大雨如注，是夜地震，泛水涨数丈。"很显然震前先是霪雨不休，后是暴雨倾盆，紧接着发生了地震。其他如震前出现"云气弥天"、

"日色昏黄，亭午风霾晦冥，晚不见月"等事例，就不一一列举了。

地震前，许多动物出现异常反应。对动物这种震前异常反应，中国历史上从唐代开始便有记载，如《开元占经·地镜》中说道："鼠聚朝廷市衢中而鸣，地方屠裂。"在地震地裂之前出现了老鼠成群鸣叫的现象。明世宗嘉靖三十五年正月二十三日（1556 年 2 月 14 日）夜河南邓县、内乡"分闻风雨声自西北来，鸟兽皆鸣，已而地震轰如雷"（《邓州志》）。清仁宗嘉庆二十年（1815 年）山西平陆强烈地震后，有人还总结了这方面的经验，《虞乡县志》中明确指出"牛马仰首，鸡犬声乱，即震验也"。在对震前动物异常反应的长期而大量的观察之后，有的震区还得出了震前"水陆间生物顿有异象"的结论。由此可见，中国历史上关于地震前兆宏观现象的记载是十分丰富翔实的。

中国古代地图
和裴秀制图六体

地图是表达和传播地理知识的重要工具。在中国，传说夏代的时候铸过九只鼎，各鼎都有图像表示不同地区特有的山川、草木、鸟兽等，作为人们去远方各地的指南。中国在 4000 年前或更早的时候，就在某些器物上绘制了表示山川等内容的地图。

古代文献中，有关地图的史料很多，其中以《周礼》和《管子》中的记述最精详。

《管子》一书，大致是战国时期的作品。当时地图在军事上的地位非常重要。军事负责人在指挥作战之前，必先研究和熟悉地图，知道哪里地势险阻，哪里有山陵、通谷、河流，哪里林木、苇草丰茂，以及道路的远近、城镇的大小兴废、荒地耕地的分布等情况。根据这些情况，利用各种有利条件，才能具体制定作战方案。著名兵书《孙子兵法》和《孙膑兵法》都有附图。地图在军事上受到这般重视，可见已经是相当实用的了。从图上可看出"山川之所在"、"道里之远近"、"城郭之大小"，说明这时绘制的地图已经有方位、距离和比例尺的规定。

1973 年在湖南长沙马王堆三号汉墓中出土了埋藏已久的 3 幅图，这 3 幅图都绘在帛上，一幅是地形图，一幅是驻军图，另一幅是城邑图（或称园寝图）。图上都未注图名、比例尺、图例和绘制时间，但是从图中的地名以及地图是出于西汉文帝十二年（前 168 年）下葬的墓来看，可以断定是西汉初年绘制的，距今至少有 2100 年了，是世界上现存最早的以实测为基础绘制的地图。

然而，汉代一般常见的行政区图等大都相当简陋。到西晋时，裴秀看到的只有汉代一般的行政区图了。裴秀认为这些地图"不设分率"（比例尺），"又不考正准望"（方位），是"不可依据"的。他曾经主持编绘《禹贡地域图》18 篇，在为《禹贡地域图》18 篇所写的序（见《晋书·裴秀传》）中提出了绘制地图必须遵守的几项原则。这几项原则虽然是前人在实践中已经做到了的，但是裴秀把这些宝贵经验加以总结提高，明确规定"制图之体有六"，对中国传统制图学理论的发展作出了贡献，影响所及，直到清代。

裴秀提出的制图六体是："一曰分率，所以辨广轮之度也"，就是说首先要具有反映地区长宽大小的比例尺；"二曰准望，所以正彼此之体也"，是说其次要确定彼此间的方位关系；"三曰这里，所以定所由之数也"，是说第三要知道两地之间的路程；"四曰高下，五曰方邪，六曰迂直，此三者，备因地而制宜，所以校夷险之异也"，这第四、第五和第六三项是说路程有高下、方斜、迂直的不同，必须逢高取下，逢方取斜，逢迂取直，就是说要因地制宜，求出地物之间的水平直线距离。以上是裴秀论述制图六体的主要内容。事实表明，中国在 3 世纪的时候就已经提出了绘制平面地图的科学理论。

唐代贾耽编制《陇右山南图》和《海内华夷图》的时候，也是遵循六体原则的，他对裴秀的理论推崇备至。《海内华夷图》是一幅"广三丈、纵三丈三尺"的大图，比例尺"以一寸折成百里"。这幅图的特点有二：一是地区范围大，除本国外兼及外域，所以称"华夷"图。当时贾耽因职务关系，有机会接触"四夷"使者，能得到有关外域的情况和材料。二是注意古今郡国州县的改易，他用红、黑二色分今古，说："古郡国题以墨，今州县题以朱。"（《旧唐书·贾耽传》）以后的地图也多采用这种方法。

北宋沈括在《梦溪笔谈·补笔谈》卷三中谈到飞鸟图和取得"鸟飞之数"的方法，指出：飞鸟图中各地之间的距离"如空中鸟飞直达"。他绘制《守令图》的时候，"取鸟飞之数"的方法，正是裴秀制图六体中的后三项（"高取下"、"方取邪"、"迂取直"三法），就是因地制宜求得两地之间水平直线距离的方法。

一直流传到现在的《九域守令图》、《华夷图》、《禹迹图》和《地理图》，范围包括长城以北、黄河、长江和珠江等流域，图中水系和海岸线大都精度比较高。《华夷图》和《禹迹图》是宋高宗绍兴六年（1136 年）刻在石碑上的，而且刻在同一石碑的两面。但是两图的图形有一定差别，说明两幅图是根据不同的实测资料绘制的。《禹迹图》显然比《华夷图》精确，而且比例尺采用计里画方的方法在图上绘出了小方格，注明"每方折地百里"。

元代朱思本亲自考察过许多地方，他核对前人绘制的地图，花费 10 年时间，根据大量材料编绘一幅"长广七尺"的《舆地图》，图上画有方格。明代罗洪先又感到朱思本图是一幅大图，使用不便，就改绘成分幅图，并且增补了许多图幅，增补的主要是边区图和专门性的河道图等，成为一本内容相当丰富的地图集，称作《广舆图》，图上也有画方。此后在明清地图上时常见到画方。这样，计里画方就成为中国传统地图的一大特色，说明裴秀倡导的比例尺等几项原则充分得到后世地图学家的重视，并且有所发展。到了清代康熙年间，中国大规模地开展全国性地图测量工作。绘制《皇舆全国》的时候，吸取了欧洲制图理论中考虑大地是球面的优点，进行经纬度测量，并且采用了地图投影方法。但是中国传统的制图理论，讲求比例尺、方位和距离的准确，仍然是测绘地图所必须遵守的重要原则。

中国古代五大"行者"

在中国悠久的历史中，或因政治、或因宗教、或因经济目的，经河西走廊到达中亚、南亚各国访问考察，或取海路经南海远航到印度洋沿岸各国访问考察的，不乏其人。其中以汉代的张骞、晋代的法显、唐代的玄奘、明代的郑和与徐霞客等五人在旅行考察中所取得的成就最为卓越。

张骞，陕西汉中成固（今城固）人。他受汉武帝的派遣，曾经两次出使西域。第一次是在建元二年（前139年），从长安出发，到达中亚的大宛（今乌兹别克斯坦、吉尔吉斯斯坦、塔吉克斯坦境内的费尔干纳盆地）、康居（今乌兹别克斯坦和塔吉克斯坦境内）、大夏（阿富汗北部）、大月氏（阿姆河流域）等国，元朔三年（前126年）回国，前后历时13年。第二次是在元狩四年（前119年），到达乌孙（今伊犁河、楚河、巴尔喀什湖、伊塞克湖一带）、大宛、康居、大月氏、大夏、身毒、安息（在伊朗高原）、于阗（今新疆和田）、扞弥（今新疆于阗）等国。张骞以及他的分遣队，先后到达当时中亚、西亚、西南亚的一些国家。

张骞两次出使中亚各国的意义是重大的。在他出使成功以后，经由河西走廊通往中亚的大道更加畅通，成为著名的"丝绸之路"。两汉以及以后的历代封建王朝，通过"丝绸之路"，不断向中亚、西亚、西南亚各国派遣使节，这些国家的使节也频频来华。商贾更是沿着张骞开辟的道路，络绎不绝地往返于中国和中亚各国之间，也促进了东西方各国间政治、经济和文化的交流，推动了这些国家经济和文化的发展。

张骞在开阔中国人民的地理视野、丰富中国人民的地理知识方面，起了重要的作用。

法显，东晋平阳郡武阳（今山西临汾地区）人，是晋代的高僧。晋安帝隆安三年（399年），他以60多岁的高龄，从长安出发，经河西走廊，穿越葱岭（帕米尔），遍历北、西、中和东印度，以后又下南印度，乘船经斯里兰卡、苏门答腊、爪哇，渡南海、东海，于义熙八年（412年）在山东半岛的崂山地区登陆，回到阔别13年的祖国。回国后，他根据亲身历经30多国的所见所闻，写成了《佛国记》这部在文学和地理学上都具重要意义的杰作。

《佛国记》全书9000多字。它以精练的文辞，生动地记述了中亚和印度的宗教经典、风土人情、山川地势、经济生活等情况。它不但使我们了解了汉晋时期东西方商业和文化交通的几条主要路线，而且叙述了法显当年所见印度阿育王建造的石柱，以及石柱上所刻的敕文和雕刻艺术，它是我们研究阿育王时代极其珍贵的资料。法显是中国从陆路到达中亚并深入旅行到印度，然后取海路回国的第一人。他写的《佛国记》是现在能看到的中国古代记述中亚、印度和南海地理风俗的第一部著作。全书文字不多，但是它所包含的有关地理知识的内容，却是十分丰富的。法显以简明扼要、具体生动的语言，把旅途所经的山川、地势、气候、物产等情况一一载入《佛国记》，无疑对扩大中国人民的视野，丰富中国人民的地理知识，有重要的贡献。《佛国记》也是我们今天研究中亚、印度和南海诸地历史和地理的重要参考文献。

玄奘，原姓陈，名祎。玄奘是他当了和尚以后的法名。为了研究佛学，他遍访四川、湖北、河南、河北、陕西等地的名师益友，成为国内很有名的佛学家。然而玄奘在佛学上作出的重大贡献，还是他到了印度之后取得的。这就是有名的"唐僧取经"。

玄奘于唐太宗贞观元年（627年）踏上西行取经的征途。他以"宁死在半路，也决不东退一步"的顽强的毅力，长途跋涉17年，历经无数艰难险阻，走了2万多公里，游历了110个国家和地区，足迹遍及西域和印度，成为世界历史上一位出色的旅行家。

玄奘在印度期间，考察了佛教的名胜古迹，虚心向学者、名师学习，刻苦钻研佛教经典，获得了佛学理论的渊博知识。他是中国甚至是亚洲知名度很高的佛学家。

贞观十七年（643年）玄奘起程回国。他从印度带回657部佛经和佛像、佛骨、花果种子等物。回国后，他19年如一日，孜孜不倦地翻译了佛教经典73部，共计1335卷，在中国佛经翻译史上写下了重要的一页。

由于佛经的大量翻译，为中国的文化宝库增添了新的内容。同时，玄奘又把以前传入中国而印度已经失传的《大乘起信论》和中国古代的哲学著作翻译成梵文，为中印文化交流作出了卓越的贡献。

玄奘回国后，在翻译佛教经典的同时，还受唐太宗之命，把他在10多年的旅行中到过的110个国家和地区，以及传闻中的28个国家的历史沿革、风土人情、宗教信仰、地理位置、山脉河流、物产气候，写成《大唐西域记》。因此，玄奘对地理知识的发展和传播上，作出了卓越的贡献。直到今天，《大唐西域记》还是我们研究中亚、印度和巴基斯坦的历史地理所必不可少的文献。这部著作不仅在中国地理学史上，就是在世界地理学史上，也占有重要地位。

郑和，云南昆明人，回族。永乐三年（1405年），他受明成祖朱棣之命，率领庞大的舰队首次出航。从明成祖永乐三年到明宣宗宣德八年（1433年），历经28年，郑和先后七次"下西洋"，经37个国家，向南到了爪哇，向西到了波斯湾和红海里的默伽，最远到了赤道以南的非洲东海岸，是中国历史上前所未有的壮举。郑和的航海，比葡萄牙人迪亚士于 1487 年绕过非洲南端好望角早 82 年，比哥伦布于 1492 年发现美洲新大陆早 87 年，比葡萄牙人达·伽马于 1497 年沿着非洲南岸绕过好望角到达印度海岸早 90 多年。

郑和"下西洋"也是世界航海史上伟大的壮举。他对亚洲、非洲的访问，在政治和经济方面具有重要意义，对国际经济和文化的交流产生了深远的影响。郑和"下西洋"，对中国的地理学也作出了重要的贡献。他根据自己航海所取得的经验和知识绘制的航海地图，是中国地图学史上现存的比较早的一部内容丰富的航海图。它一共有 40 面 20 图。其中，绝大部分是正确的，只有小部分是不正确的。在 500 多年前能绘出这种水平的航海地图，可以说是难能可贵的。郑和的七次"下西洋"，不但是中国海上探险事业的巨大成就，而且是世界地理发现史上的壮举。

徐霞客，名宏祖，字振之，江苏江阴人。他从小就"博览古今史籍与地志、山海图经，以及一切冲举高蹈之迹"，萌发了问奇于名山大川、探索祖国大自然奥秘的兴趣。他不应科举，不入仕途，倾毕生的精力于瑰丽的大自然之中。他从 22 岁起，到 56 岁去世为止，历经 30 多年的考察，足迹踏遍浙江、江苏、山东、安徽、河北、河南、山西、陕西、福建、江西、广东、广西、云南、贵州、湖南、湖北等 16 个省（区）。他以忘我的追求真理的精神，战胜了旅途上的一切困难，几十年如一日，对山脉、河流、动植物等特征，进行细致观察，详细记录，最后写成了《徐霞客游记》这部对地理学极有价值的宝贵文献。

综　　合

中国的科学技术确实有过耀眼的辉煌。以数学为例，宋元时的秦九韶高次方程数值解法，比美国数学家的同类方程解法早500年。朱世杰用四元消法解题，用增乘开方法求得正根，与今天解方程组的方法基本一致，而欧洲的数学家直到18世纪才解决这个问题……

明代中期以后，中国的科学技术水平从世界巅峰上滑落下来，渐渐落后于西方。18世纪工业革命之后，欧洲的科学技术突飞猛进，而中国还在封建主义的桎梏下苦苦挣扎。鸦片战争之后，帝国主义列强的大炮轰开了中国的大门，中国的有识之士开始注意学习、引进西方的先进科学技术，但总体水平是跟在西方后面亦步亦趋。

新中国成立以后，特别是改革开放之后，中国的科学技术取得了举世瞩目的成就。中国建立了学科齐备、独立完善的科技体系，具备了超越先进国家的优势和潜力，并在许多领域走在了世界前列。

17 世纪的工艺百科全书

《天工开物》是中国明代著名科学家宋应星撰写的一部科学巨著，它是世界上第一部关于农业和手工业生产的综合性名著，是中国古代一部综合性的科学技术著作。它颇为详尽地记录了中国明朝中期到明朝末年农业和手工业生产技术的状况，其中有许多记载是当时居于世界领先地位的工艺措施和科学见解。因此，它被外国研究者誉为"中国 17 世纪的工艺百科全书"。

明万历十五年（1587 年），宋应星出生在江西奉新一个名门望族家庭。他自幼聪慧过人，学习十分刻苦。因而，年纪很小时，宋应星就名闻乡里。中举之后，宋应星曾先后担任了江西分宜县教谕，福建汀州府推官，安徽亳（bó）州知府等官职，但他对做官兴趣不大，他醉心的是对农业、手工业生产技术的研究。《天工开物》就是他在分宜县做教谕时撰写的。所以，在明崇祯十七年（1644 年），他干脆弃官还乡，专心从事于著书立说。所著的著作，除《天工开物》外，还有《卮言十种》、《画音归正》、《杂色文》、《原耗》等，可惜，这些著作多已失传。值得庆幸的是，前些年，人们在他的家乡发现了他的 4 部佚著的明刻本：《野议》、《论气》、《谈天》和《思怜诗》。这是了解他的思想的重要文献。

《天工开物》一书共 18 卷，依次为：乃粒（五谷）、乃服（纺织）、彰施（染色）、粹精（粮食加工）、作咸（制盐）、甘嗜（制糖）、陶埏（制陶）、冶铸（铸造）、舟车、锤锻、燔石（烧炼矿石）、膏液（制油）、杀青（造纸）、五金（冶金）、佳兵（兵器）、丹青（朱墨）、曲蘖（酿造）、珠玉。从上列标题不难看出，《天工开物》一书几乎涉及当时中国所有重要的产业部门，是一部百科全书。

《天工开物》内容广博，但最重要的价值，还是它记述了工农业生产中许多先进的科学技术成果，并用技术数据给予定量的解说，用图画给予形象的说明，同时，它又提出了一系列的理论概念，从而使它成为一部完整的科学技术著作。

在水稻栽培技术上，它指出：水稻育秧后，30 天就可拔起分栽；1 亩秧田培育的秧苗，可以移栽 25 亩；早熟的水稻品种 70 天就能收获，晚熟的要 200 多天才能收获。这些技术数据对水稻生产有着重要的指导作用，这是以往农书所未曾记载过的。另外，它还首次记述了再生秧技术，以及冷浆田中用兽骨灰蘸秧根技术。兽骨灰蘸秧根技术，是中国施用磷肥的最早记载。

在养蚕技术上，它最早记述了利用一化性雄蚕蛾（一年孵化一次）与二化性雌蚕蛾（一年孵化二次）杂交来培育良种的方法，并指出了养蚕过程中要注意的问题。其中所说的烧残桑叶来抵挡臭气的"熏烟换气法"，也是以往的书籍从未记载过的。在金属冶炼方面，它首次记述了今天俗称为"焖钢"的箱式渗碳制钢工艺，最早记述了火法炼锌的操作方法。在造纸方面，它则详细地介绍了当时制造竹纸和皮纸的设备和方法。

《天工开物》不仅内容丰富，还图文并茂，书中附有 123 幅插图。这些插图能形象地帮助后人了解到当时的生产技术。其中有些珍贵的插图，如提花机、钻井设备、轧蔗机、阶梯式瓷窑、玉石加工磨床等，还是世界上较早的科技图录！

毫无疑问，《天工开物》是一部非常有价值的科学巨著。

数学名著与方法

中国古代数学，取得了极其辉煌的成就。我们可以毫不夸张地说，直到明代中期以前，在数学的许多分支领域里，中国一直处于遥遥领先的地位。中国古代的许多数学家曾经写下了不少著名的数学著作。许多具有世界意义的成就正是因为有了这些古算书而得以流传下来。因此可以说，这些中国古代数学名著为我们打开了一扇了解中国古代数学宝库的大门。

曾经的教科书——《算经十书》，它是指汉、唐 1000 多年间的十部著名数学著作，它们曾经是隋唐时国子监算学科（国家所设的学校）的教科书。十部算书的名字是：《周髀算经》、《九章算术》、《海岛算经》、《五曹算经》、《孙子算经》、《夏侯阳算经》、《张丘建算经》、《五经算术》、《缉古算经》、《缀术》。这十部算书，以《周髀算经》为最早，书中记载了用勾股定理来进行天文计算，还有比较复杂的分数计算。

被列为算术之首的《九章算术》，对古代数学的各个方面进行了全面完整地叙述，它是十部算书中最重要的一部。它还影响到国外，朝鲜和日本也都曾把它当做教科书。全书共分九章，一共搜集了 246 个数学问题，连同每个问题的解法，分为九大类，每类算是一章。在数学成就上，记载了当时世界上最先进的分数四则运算和比例算法。

而其最重要的成就是在代数方面，书中记载了开平方和开立方的方法，并且在这基础上有了求解一般一元二次方程（首项系数不是负数）的方法。还有整整一章是讲述联立一次方程解法的，这种解法实质上和现在中学里所讲的方法是一致的。这要比欧洲同类算法早1500多年。在同一章中，还在世界数学史上第一次记载了负数的概念和正负数的加减法运算法则。《九章算术》不仅在中国数学史上占有重要地位，它的影响还远及国外。《九章算术》中的某些算法，例如分数和比例，有可能先传入印度再经阿拉伯传入欧洲。再如"盈不足"，在阿拉伯和欧洲早期的数学著作中，就被称作"中国算法"。现在，《九章算术》作为一部世界科学名著，已经被译成许多种文字出版。

《算经十书》中的第三部是《海岛算经》，三国时期刘徽所作。这部书中讲述的都是利用标杆进行两次、3次、最复杂的是4次测量来解决各种测量数学问题。这些测量数学，正是中国古代非常先进的地图学的数学基础。此外，刘徽对《九章算术》进行了注释工作，刘徽注中的"割圆术"开创了中国古代圆周率计算方面的重要方法，他还首次把极限概念应用于解决数学问题。

其他几部，同样影响了数学的发展，诸如《孙子算经》中的"物不知数"问题（一次同余式解法），《张丘建算经》中的"百鸡问题"（不定方程问题），《缉古算经》中的三次方程解法皆影响深远。《缀术》是南北朝时期著名数学家祖冲之的著作，已失传。宋人刊刻《算经十书》的时候以《数术记遗》充数。祖冲之的伟大成就——关于圆周率的计算（精确到小数点后第六位），记载在《隋书·律历志》中。

秦九韶著的《数书九章》主要讲述了两项重要成就：高次方程数值解法和一次同余式解法，书中有的问题要求解十次方程，有的问题答案竟有180种之多。杨辉的《详解九章算法》、《日用算法》、《杨辉算法》讲述了宋元数学的另一个重要方面：实用数学和各种简捷算法。这是应当时社会经济发展而兴起的一个新的方向，并且为珠算的产生创造了条件。明代著名的算书《算法统宗》，是一部风靡一时的讲珠算的书。

十进制记数法曾经被马克思称为"最妙的发明之一"，从有文字记载开始，中国的记数法就遵循十进制。殷代的甲骨文和西周的钟鼎文都是用一、二、三、四、五、六、七、八、九、十、百、千、万等字的合文来记十万以内的自然数的。

春秋战国时期是中国从奴隶制变为封建制的时期，生产的迅速发展和科学技术的进步提出了大量比较复杂的数字计算问题。为了适应这种需要，劳动人民创造了一种十分重要的计算方法——筹算。筹算一出现，就严格遵循十进位值制记数法。九以上的数就进一位，同一个数字放在百位就是几百，放在万位就是几万。这种记数法，除所用的数字和现今通用的阿拉伯数字在形式上不同外，和现在的记数法实质是一样的。筹算的运算程序和现今珠算的运算程序基本相似。记述筹算记数法和运算法则的著作有《孙子算经》、《夏侯阳算经》和《数术记遗》。负数出现后，算筹分成红黑两种，红筹表示正数，黑筹表示负数。算筹还可以表示各种代数式，进行各种代数运算，方法和现今的分离系数法相似。现在世界通用的阿拉伯数字和记数法是印度古代人民创造的，但是印度在 3 世纪以前使用的记数法是希腊式和罗马式两种，都不是十进位值制，真正的十进位值制记数法出现在 6 世纪末。中国古代的十进位值制记数法和筹算，在世界数学史上占有重要的地位。

计算机始祖——算盘，最早在明初的《对相四言》中提到。现存比较详细说明珠算用法的著作有徐心鲁的《盘珠算法》、柯尚迁的《数学通轨》、朱载堉的《算学新说》、程大位的《直指算法统宗》等，以程大位的著作流传最广。珠算还传到了朝鲜、日本等国，对这些国家的计算技术的发展曾经起过一定的作用。

关于勾股定理，在《周髀算经》和《九章算术》中，都已经明确给出了一般形式：勾平方 + 股平方 = 弦平方。

近代数学已经证明，圆周率 π 是一个不能用有限次加减乘除和开各次方等代数运算求出来的数。中国在两汉之前，一般采用的圆周率是"周三径一"，也就是 π = 3，但不能满足精确计算的要求。因此，人们开始探索比较精确的圆周率。中国关于圆周率值的记录，是世界上最早的。

魏晋之际的杰出数学家刘徽，在计算圆周率方面，作出了非常突出的贡献。他在为古代数学名著《九章算术》作注的时候，正确地指出，"周三径一"不是圆周率值，实际上是圆内接正六边形周长和直径的比值。用古法计算圆面积的结果，不是圆的面积，而是圆内接正十二边形面积。经过深入研究，刘徽发现圆内接正多边形边数无限增加的时候，多边形周长无限逼近圆周长，从而创立割圆术，为计算圆周率和圆面积建立起相当严密的理论和完善的算法，得出更精确的圆周率值 π = 3.1416。刘徽的割圆术，为圆周率研究工作奠定了坚实可靠的理论基础，在数学史上占有十分重要的地位。他所得到的结果在当时世界上也是很精确的。刘徽的计算方法只用圆内接多边形面积，而无须外切多边形面积，这比古希腊数学家阿基米德用圆内接和外切正多边形计算法，在程序上要简便得多，可以起到事半功倍的效果。

在刘徽之后，南北朝时期杰出的数学家祖冲之确定了圆周率 3.1415926 < π < 3.1415927，精确到小数点后第六位，这在当时已非常精确，直到 1000 年以后，15 世纪阿拉伯数学家阿尔·卡西和 16 世纪法国数学家韦达才打破了祖冲之的纪录。